家禽生产

实训教程

吴春琴　主编

中国农业科学技术出版社

图书在版编目(CIP)数据

家禽生产实训教程 / 吴春琴主编 . —北京：中国农业科学技术出版社，2013.5
ISBN 978 - 7 - 5116 - 1240 - 3

Ⅰ.①家…　Ⅱ.①吴…　Ⅲ.①养禽学 – 高等学校 – 教材　Ⅳ.①S83

中国版本图书馆 CIP 数据核字（2013）第 053804 号

责任编辑　闫庆健　胡晓蕾
责任校对　贾晓红

出 版 者　中国农业科学技术出版社
　　　　　北京市中关村南大街 12 号　邮编：100081
电　　话　(010)82106632(编辑室)　(010)82109702(发行部)
　　　　　(010)82109709(读者服务部)
传　　真　(010)82106625
网　　址　http://www.castp.cn
经 销 者　各地新华书店
印 刷 者　北京科信印刷有限公司
开　　本　787mm×1 092mm　1/16
印　　张　6.5
字　　数　154 千字
版　　次　2013 年 5 月第 1 版　2013 年 5 月第 1 次印刷
定　　价　15.00 元

《家禽生产实训教程》
编写人员名单

主　　编　　吴春琴（温州科技职业学院）

副 主 编　　孙思宇（温州科技职业学院）

编写人员　　（按姓氏笔画排序）

　　　　　　干方本（乐清市绿雁农业开发有限公司）

　　　　　　刘素贞（温州科技职业学院）

　　　　　　张　军（四川省自贡市动物疫控中心）

　　　　　　赵　燕（温州科技职业学院）

　　　　　　段龙川（温州科技职业学院）

　　　　　　涂宜强（温州科技职业学院）

　　　　　　董丽艳（温州科技职业学院）

　　　　　　魏彩霞（温州科技职业学院）

前　　言

　　我国高职教育的培养目标是培养面向生产、建设、服务和管理第一线的高技能人才，因此实践能力的培养是高职教育的主体，实践课的教学水平对人才培养目标的实现有着重要的影响作用。《家禽生产》课程是高职畜牧兽医专业的核心技能课程，更注重培养学生关于家禽生产的操作能力、分析能力和应用能力。为了使《家禽生产》课程的实践教学更加具有系统性和科学性，特此编写和出版《家禽生产实训教程》一书，成为《家禽生产》课程的配套教材。本实训教程也可作为高职高专畜牧兽医专业、畜牧专业、养禽与禽病防治专业等相关禽类生产课程的辅助教材。

　　《家禽生产实训教程》根据生产实际需要，分别从禽场规划、繁殖技术、生产管理、免疫防疫、调查分析等方面，介绍家禽生产课程的实践技能。形成以基本操作技能、应用分析技能、综合统筹技能等模块为基本内容的实践教学体系。本书共涵括22个实训项目，分3个模块编写，具体如下。

　　1. 基本操作技能模块：包括家禽外貌部位识别及体尺测量、家禽的品种识别、种蛋的选择保存与消毒、孵化器的结构与使用、雏鸡断喙技术、肉鸡的屠宰与分割技术、水禽活拔羽绒技术等实训项目。

　　2. 应用分析技能模块：包括蛋结构观察与蛋品质分析、鸡的人工授精技术、孵化胚胎初生雏生物学检查、雏鸡的雌雄鉴别、雏鸡的分级剪冠与断趾、家禽体重与均匀度测定、产蛋曲线绘制与分析等实训项目。

　　3. 综合统筹技能模块：包括蛋鸡光照方案制定、肉用仔鸭的填肥技术、消毒技术、家禽免疫技术、鸡场年度生产计划编制、年出栏10万只肉用仔鸡场的建筑设计、饲养6.5万只商品蛋鸡场规划设计、某地区家禽生产状况调查报告等实训项目。

　　本实训教程以职业岗位技能为核心，以教学目标和生产应用为目的，力求体现职业特点和可操作性。教材实训内容丰富、行文浅显易懂，实用性、针对性强，便于读者更好地掌握家禽生产的实操技能。本教程在编写过程中参考了一些专家和学者的著作与研究成果，在此表示衷心的感谢！书中不妥之处，恳请广大师生与读者批评指正。

编者

2013 年 1 月

目　　录

模块一　基本操作技能

模块二　应用分析技能

模块三　综合统筹技能

模块一

基本操作技能

实训一　家禽外貌部位识别和体尺测量

【实训目标】掌握家禽的保定方法，熟悉家禽外貌部位的名称和位置，掌握家禽主要体尺的测量方法。家禽的外貌部位观察，包括头、尾、躯干和脚等的观察；体尺测量，包括体斜长、胸深、胸宽、骨盆宽、胫长等测量。

【材料和用具】鉴定用公母鸡、游标卡尺、皮尺、电子秤。

【实训时间】2 学时，家禽外貌部位识别 1 学时，体尺测量 1 学时。

【实训场所】多媒体实训室

【内容和方法】

一、家禽的保定

用左手大拇指与食指夹住家禽的右腿，无名指与小指夹住家禽的左腿，使家禽胸腹部置于左掌中，并使其头部向着鉴定者。

二、家禽外貌部位识别

按禽体各部位，从头、颈、肩、翼、背、胸、腹、臀、腿、胫、趾和爪等部位仔细观察，并熟悉其各部位名称，在观察过程中，需注意各部位特征与家禽健康的关系以及禽体在生长发育上有无缺陷。

1. 头部

鸡的头部有冠，冠有多种形状，冠形是品种特征之一。不同品种有不同的冠形，同一品种也有不同的冠形。如来航鸡有单冠白来航，也有玫瑰冠白来航；洛岛红有单冠洛岛红，也有玫瑰冠洛岛红。目前现代鸡种的冠形，多为单冠（图 1-1）。

单冠：具有锯齿状的单片肉质结构的皮肤衍生物。可分为冠基、冠尖和冠叶。冠尖一般 5~6 个。

豌豆冠（豆冠）：由三叶小的单冠组成，中间一叶较高，故又称三叶冠，有明显低矮的冠尖。

蔷薇冠（玫瑰冠）：冠体低矮而阔，前宽后窄形成冠尾。除冠尾外，其表面有小而圆的突起。

核桃冠：形似核桃的复冠。与玫瑰冠相似，冠基附着于头的前部，但无冠尾，冠体和乳头状的冠尖也较小。

羽毛冠：冠体为S形，周围为类似圆球状羽毛束（有称凤冠）。如北京油鸡、丝羽乌骨鸡。

此外，头部还应观察喙、眼和眼神以及无毛部位有无病灶。

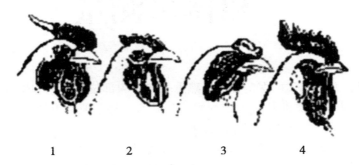

1. 蔷薇冠；2. 豌豆冠；3. 核桃冠；4. 单冠

图 1 - 1　鸡冠形状

2. 羽毛名称及结构识别

（1）鸡羽毛种类的识别

用活鸡识别正羽、绒羽和纤维羽（又称毛羽）。

（2）认识禽体各部位羽毛的名称

家禽全身几乎覆盖着羽毛，羽毛名称与外貌部位名称相对应，如颈部的羽毛称颈羽，尾部的羽毛称尾羽等等。有些鸡种（如北京油鸡）有胫羽和趾羽。羽毛色泽有白、黑、红、浅黄等。羽毛斑型有横斑羽、镶边羽、条斑羽、点斑羽等。

在认识禽体羽毛名称时，留意区分：

①公母鸡的颈羽、鞍羽和尾羽的区别。

②公鸭的覆尾羽特征。公鸭在尾的基部有2~4根覆尾羽向上卷成钩状，称为卷羽或性指羽。母鸭则无。

家禽体躯全身覆盖羽毛，有利于禽体冬天保温，但夏季应防暑，外寄生虫也较难防治。另外，有些家禽仍具有一定的飞翔能力，给饲养管理带来不便。

（3）翼羽各部位名称

用活鸡识别翼羽各部位名称（图1-2）。并数一数主翼羽、轴羽和副翼羽的根数及主要翼羽脱换情况。一般主翼羽10根、副翼羽11根、轴羽1根。

在生产实践中：

①在自别雌雄品系中，可根据初生鸡的主翼羽与覆主翼羽的相对生长长度，分辨公母。

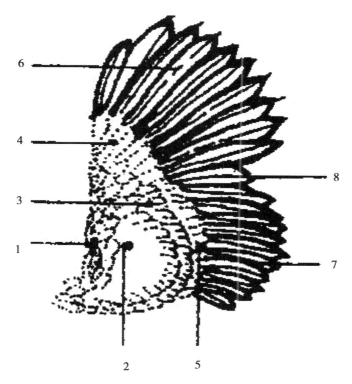

1. 翼前；2. 翼肩；3. 覆翼羽；4. 覆主翼羽；5. 覆副翼羽；
6. 主翼羽；7. 副翼羽；8. 轴羽

图 1 - 2 鸡翼羽各部位名称

②根据主翼羽换羽时间及换羽速度，大致了解生产性能。

③翼膜（臂骨与桡骨之间的三角区）是带翅号或刺种鸡痘的地方。

④作翼静脉采血化验或白痢检疫。

（4）主翼羽的脱换

成年母鸡每年秋季换羽一次，一般在脱换主翼羽时母鸡停止产蛋。鸡群中有一些鸡，开始换羽早（一般在早秋），而且换羽速度慢，一般每次仅换 1 根主翼羽，整个换羽时间拖得长，鸡停产时间长，这些鸡是低产鸡；有些母鸡换羽开始得晚，且换羽速度快，每次同时脱换 2 ~ 3 根主翼羽，整个换羽时间短，这些是高产鸡。

有研究认为，一根旧的主翼羽从脱落到新羽长成，约需 6 周时间，而前后 2 根旧主翼羽从脱落到新羽长成，相距时间约 2 周。故可以根据这一规律用公式估测母鸡换羽停产时间。

3. 其他部位外观及触摸识别

除认识各部位名称外（图 1 - 3），主要是分辨健康鸡与病弱鸡以及品种缺点或失格（表1 - 1）。

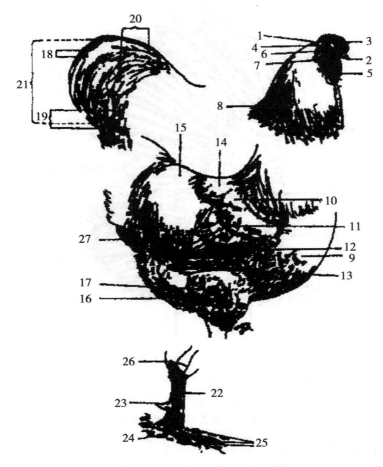

1. 头；2. 喙；3. 冠；4. 眼；5. 肉垂；6. 耳；7. 耳垂；8. 梳羽（颈羽）；9. 胸；10. 肩；11. 翼；12. 副翼羽；13. 主翼羽；14. 背；15. 鞍；16. 腹；17. 小腿；18. 大镰羽；19. 小镰羽；20. 覆尾羽；21. 主尾羽；22. 胫；23. 距；24. 脚；25. 趾；26. 跗关节；27. 蓑羽

图 1-3　鸡体外貌部位名称

表 1-1　健康鸡与病鸡区别以及品种缺点或失格

观察项目	健康鸡	病弱鸡	品种缺点或失格
喙			交叉喙、畸形喙
冠、肉垂	鲜红、湿润、丰满、温暖、无病灶	苍白、萎缩、干燥、冰凉、紫色、有病灶*	不符合本品种的冠形或畸形冠
眼	眼大有神	小而无神、常紧闭	
脸部	红润、无病灶	苍白、有病灶*	
胸	胸骨硬而直立	胸骨脆弱，呈 S 形弯曲；有病灶**	胸骨呈 S 形弯曲，大小胸

（续表）

观察项目	健康鸡	病弱鸡	品种缺点或失格
翼	紧贴身躯	翼下垂或折断或烂翅	下垂，主副翼羽扭曲
尾部	尾直立	尾下垂	畸形尾如缺副尾羽、主尾羽，歪尾
颈与脚	正常	大跖骨粗大，踝关节肿大；有病灶**，跛脚，"鹰爪"	两脚O形或X形，无胫脚趾羽品种有羽；鸭形脚（有蹼）；公鸡无距；四趾品种多于四趾，五趾品种少于五趾
体种	符合本品种	轻	标准体重以下
色泽	羽毛有光泽	羽毛污乱，无光泽	皮肤、喙、耳叶和胫的色泽不符合本品种要求，黑羽品种出现红、黄羽；白羽品种出现其他羽色

注：* 有鸡痘、葡萄球菌病或有肿瘤，流鼻涕；眼流泪，有干酪样物等
　　** 胸囊肿，脚趾瘤、烂趾

三、体尺测量

目的是为了更精确地记载家禽的体格特征和鉴定家禽体躯各部分的生长发育情况。体尺测量部位和方法照表1－2进行。

表1－2　家禽体尺测定方法

项目	测量工具	测定部位	测定目的
体斜长	皮尺	锁骨前上关节到坐骨结节的距离	了解禽体在长度方面的发育情况
胸宽	卡尺	两肩关节间的距离	了解禽体胸腔发育情况
胸深	卡尺	第一胸椎到胸骨前缘的距离	了解胸腔、胸骨和胸肌发育状况
胸围	皮尺	绕两肩关节和胸骨前缘一周	了解禽体胸腔和肌肉发育情况
胸骨长	皮尺	胸骨前后两端间的距离	了解体躯和胸骨长度的发育情况
胫长	卡尺	跗骨上骨节到第三趾与第四趾间的垂直距离	了解体高和长骨的发育情况
髋宽	卡尺	两髋关节间的距离	了解禽体腹腔发育情况

家禽的体重测定应在空腹时进行，在测量过程中及时把包括体重数据在内的每项数据记载于家禽体尺表（表1－3）中。取得体尺和体重的数据后，可根据这些数据，计算家禽的体型指数。

表 1 - 3　家禽体尺测量记录表　　　　　　　　（单位：g，cm）

禽号	性别	活重	体斜长	胸深	胸宽	胸围	胸骨长	胫长	髋宽

常用的家禽体型指数及其计算公式如表 1 - 4。

表 1 - 4　家禽体型指数计算公式表　　　　　　（单位：kg，cm）

指数名称	计算公式	指数说明什么
强壮指数	体重×100/体斜长	体型的紧凑性和家禽的肥度
体躯指数	胸围×100/体斜长	体质的发育
第一胸指数	胸宽×100/胸深	胸部相对的发育
第二胸指数	胸宽×100/胸骨长	胸肌的发育
髋胸指数	胸宽×100/髋宽	背的发育（到尾部是宽的、直的或者是狭窄的）
高脚指数	胫长×100/体斜长	脚的相对发育

计算出各项指数的结果后，记录在家禽的体型指数表中（表 1 - 5），以供鉴定时互相比较之用。

表 1 - 5　家禽体型指数表

禽号	性别	强壮指数	体躯指数	第一胸指数	第二胸指数	髋胸指数	高脚指数

【技能考核标准】

序号	考核项目	评分标准		考核方法	考核分值	熟练程度
		分值	扣分依据			
1	外貌部位识别	20	识别部位不准确扣10分,识别部位遗漏扣10分			基本掌握/熟练掌握
2	健康评估	10	评估不准确扣5分,根据不充分不科学扣5分	小组合作操作与单人操作考核相结合		基本掌握/熟练掌握
3	体尺测量	20	体尺测量不准确扣10分;测量不全面扣10分			基本掌握/熟练掌握
4	体型指数计算	20	测量不准确扣10分,计划不准确扣10分			基本掌握/熟练掌握
5	规范程度	10	操作不规范、混乱各扣5分			基本掌握/熟练掌握

【复习与思考】

1. 测量若干只不同种类、性别、年龄的家禽体尺,将结果录入家禽体尺测量记录表中。

2. 根据测量数据计算家禽体型指数,将结果录入家禽体型指数表中,并相互比较。

实训二　家禽品种识别

【实训目标】使学生能根据家禽体型外貌特征识别国内外著名的家禽品种，认识当地饲养的主要鸡、鸭、鹅品种的外貌特征，了解其生产性能，获得认知家禽品种的基本技能。

【材料和用具】家禽品种图片、放映器材。

【实训时间】2 学时，教师讲解家禽品种特征 1 学时，学生识别家禽品种 1 学时。

【实训场所】多媒体实训室

【内容和方法】

一、品种介绍

观看家禽品种图片或活禽，介绍其产地、类型、外貌特征和生产性能。

二、鸡的品种特征

1. 标准品种鸡的外貌特征（表 2-1）

表 2-1　主要标准品种鸡的外貌特征表

品种	羽毛颜色	冠	耳	胫	皮肤	体型
白来航鸡	全身白色	单冠	白或黄色	白或黄色	黄色	体型小而清秀
芦花鸡	全身为黑白相间的横条纹，公鸡颜色较淡	单冠	红色	黄色	黄色	体型中等呈长圆形
洛岛红鸡	深红色，有光泽，主尾羽尖端和公鸡镰羽均为黑色并带翠绿色	单冠或玫瑰冠	红色	黄色	黄色	背宽平而长，体躯呈长方形
澳洲黑鸡	全身黑色并带有绿色光泽	单冠	红色	黑脚、脚底为白色	白色	体深而广，胸部丰满
白洛克鸡	全身白色	单冠	红色	黄色	黄色	体椭圆
白科尼什鸡	全身白色	豆冠	红色	黄色	黄色	体躯坚实，羽毛紧密，胸腿肌肉发达

（续表）

品种	羽毛颜色	冠	耳	胫	皮肤	体型
黑狼山鸡	全身黑色	单冠	红色	白色	白色	体高、脚长、背短，头尾翘立，背呈 U 形
丝毛鸡	全身白色，丝毛	复冠，如桑葚状	绿色	黑色	黑色	体小骨细，行动迟缓

2. 地方品种鸡的外貌特征（表 2-2）

表 2-2　主要地方品种鸡的外貌特征表

品种	羽毛颜色	冠	胫	体型
仙居鸡	黄色、白色、黑色	单冠	黄色、肉色及青色	小巧秀丽，羽毛紧贴
灵昆鸡	黄色、栗黄色	单冠	黄色，有胫羽	体中等，少数鸡有冠羽
浦东鸡	以黄色、麻褐色为多	单冠	黄色	体硕大宽阔，近似方形，骨粗脚高，羽毛疏松
桃源鸡	黄色为多，亦有麻色等	单冠	黄色或灰黑色	体硕大，近似正方形
惠阳鸡	黄色	单冠	黄色	体中等，背短，脚矮，后躯发达，呈楔形。肉垂较小或仅有痕迹，颌下有羽毛
北京油鸡	浅黄色或红褐色	单冠多褶皱，呈 S 形	黄色，有胫羽	体中等，有冠羽
固始鸡	黄色、黄麻色较多	单冠	靛青色或黑色	体质紧凑，羽毛紧贴，冠叶分叉成鱼尾状
庄河大骨鸡	全身黑色，带有光泽	单冠	黄色	体格硕大，骨骼粗壮
寿光鸡	淡黄色	单冠	黑色	体格硕大，皮肤白色

3. 现代鸡种的外貌特征

蛋鸡系的白壳蛋系：该类鸡均具有白来航鸡的外貌特征，即体型小而清秀，全身羽毛白色而紧贴，单冠大而鲜红，喙、胫和皮肤均为黄色，耳叶白色。

蛋鸡系的褐壳蛋系：该类鸡较白壳蛋系鸡体型稍大，羽毛颜色有深褐色和白色两种，单冠较白壳蛋系鸡矮小而稍厚，胫、皮肤黄色，耳叶红色。

肉鸡系的快速生长型白羽肉鸡：该类鸡体型硕大，胫趾粗壮，全身羽毛白色，单冠或豆冠，喙、皮肤黄色，耳叶红色。

肉鸡系的快速生长型黄羽肉鸡：该类鸡体型硕大，全身黄色羽毛，耳叶红色。

三、鸭的品种特征（表2-3）

表2-3 主要品种鸭的外貌特征表

品种	羽毛颜色	胫蹼	体型
北京鸭	全身白色	橘红色	体硕大，胸部丰满突出，腿短粗壮
康贝尔鸭	公鸭的头、颈、尾和翼肩为表绿色，其余为暗褐色，母鸭为暗褐色	暗褐色	体型中等，头部优美，颈细长，骶部饱满，腹部发育良好而不下垂
金定鸭	以灰色黑斑和褐色黑斑为多	橘黄色及黑色	体型较小，外貌清秀，头中等大，颈细长，有的颈部有白圈
绍鸭	麻雀羽色，公鸭较母鸭颜色深	橘黄色	体小似琵琶型，头似蛇头
瘤头鸭	纯黑、纯白或黑白间杂	橘黄色及黑色	体呈橄榄形，头大而长，头部两侧长有赤色肉瘤，喙色鲜红或暗红，眼鲜红，胸丰满，脚矮

四、鹅的品种特征（表2-4）

表2-4 主要品种鹅的外貌特征表

品种	羽毛颜色	胫 蹼	体型
狮头鹅	毛色棕褐色、灰褐色和灰白色	橘红色	体硕大，头大而深，头顶上有肉瘤向前倾，下咽袋发达，脸部皮肤松软
豁眼鹅	全身羽毛白色	暗褐色	小型白鹅，独特特征是上眼睑有一个疤口，故称"豁眼鹅"

【技能考核标准】

序号	考核项目	评分标准		考核方法	考核分值	熟练程度
		分值	扣分依据			
1	鸡品种识别	40	生产方向不准确扣10分，外貌特征表述不全面扣10分，产地不准确扣10分，生产性能表述不准确扣10分	单人操作考核		基本掌握/熟练掌握
2	鸭品种识别	30	生产方向不准确扣10分，外貌特征表述不全面扣10分，原产地不准确扣5分，生产性能表述不准确扣5分			基本掌握/熟练掌握

（续表）

序号	考核项目	评分标准		考核方法	考核分值	熟练程度
		分值	扣分依据			
3	鹅品种识别	30	生产方向不准确扣 10 分，外貌特征表述不全面扣 10 分，原产地不准确扣 5 分，生产性能表述不准确扣 5 分	单人操作考核		基本掌握/熟练掌握

【复习与思考】

1. 写出鸡的 4 个标准品种、4 个鸭品种、1 个鹅品种名称及其产地和经济类型。

2. 比较现代鸡种的白壳蛋鸡、褐壳蛋鸡和肉鸡的外貌特征。

实训三　种蛋的选择、保存与消毒

【实训目标】使学生掌握种蛋选择的标准、保存和消毒方法。

【材料和用具】种蛋若干、照蛋器、蛋托若干、消毒器皿、福尔马林、高锰酸钾、漂白粉溶液、新洁尔灭、过氧乙酸、紫外线灯、塑料膜等。

【实训时间】2 学时，种蛋选择 1 学时，保存与消毒 1 学时

【实训场所】孵化场

【内容和方法】

一、种蛋选择

1. 从外观上选择

（1）选择清洁度

蛋壳表面无污染。

（2）选择蛋重

选择时要符合品种的要求。过大，孵化期长，孵化率下降，雏禽蛋黄吸收差；过小，雏禽体重也小（一般初生雏禽体重为蛋重的 62% ~ 65%），雏禽即便孵出也表现为瘦小，育雏率低。一般蛋用型鸡种蛋蛋重 50 ~ 65g；肉用型鸡种蛋蛋重 52 ~ 68g；鸭种蛋蛋重 80 ~ 100g；鹅种蛋蛋重 160 ~ 180g。另外，同一批次入孵的种蛋蛋重差异在 5g 以内为宜。

（3）选择蛋形

蛋形一般用蛋形指数表示，即蛋的长径与短径之比。种蛋的蛋形指数在 1.3 ~ 1.35 之间为宜。

（4）选择蛋壳厚度

种蛋的蛋壳厚度应在 0.33 ~ 0.35mm。厚度小于 0.27mm 的蛋为薄皮蛋，如砂皮蛋、皱纹蛋。这种蛋水分蒸发较快，易被微生物侵入，又易破损，不宜做种蛋；反之蛋壳较

厚（0.45mm以上）如钢壳蛋，也不宜做种蛋，因这种蛋孵化时水分蒸发过慢，出雏比较困难，鸡胚不易啄破壳而闷死。

（5）选择蛋壳颜色

剔除不符合品种要求的鸡蛋（图3-1、图3-2）。

图3-1 畸形蛋

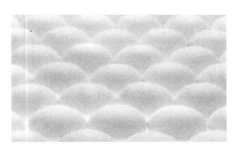

图3-2 合格种蛋

2. 从听音上选择

裂纹蛋不能种用。将蛋轻轻碰敲，听声音，如有破裂声，应剔除。

3. 通过照蛋透视进行选择

在种蛋保存前，用验蛋灯或专门照蛋的机械在灯光下观察蛋壳、气室、蛋黄、血斑、肉斑等项内容。

（1）观察蛋壳

破损蛋可见裂纹，砂皮蛋可见一点一点的亮点。

（2）观察气室

看气室大小，了解蛋的新陈，并观察气室位置有无不正现象。

（3）观察蛋黄

正常新鲜蛋，蛋黄颜色为暗红或暗黄。若蛋黄呈灰白色，可能是营养不良；蛋黄上浮，多系运输过程受震，系带折断或种蛋贮存时间过长所致；蛋黄沉散，多系运输不当或细菌侵入，经细菌分解，引起蛋黄膜破裂。有上述缺陷的种蛋均应剔除。

（4）观察血斑、肉斑

大多出现在蛋黄上（也有在蛋白上的），有白色点、黑点、暗红点，转蛋时会随着移动，育种孵化应予剔除。

二、种蛋的保存

要求贮存的时间要短。当天产的蛋最好不要入孵。夏天以 3 天为宜，春冬以 3～5 天为最佳。贮存室内还应配备恒温控制的采暖设备以及制冷设备。配备湿度自动控制器。种蛋保存的理想温度为 13～16℃。保存在 7 天以内为 15℃ 较为适宜，7 天以上在 11℃ 较为适宜。蛋库湿度应控制在 70%～80% 范围内。湿度过低会导致种蛋水分蒸发。

三、种蛋消毒方法

种蛋收集后应马上处理，并在入孵前进行消毒。鸡舍或蛋库应设立熏蒸消毒柜。种蛋消毒一般分两次进行：第一次在鸡舍内消毒，在蛋产出后 30min 内进行；第二次消毒是入孵前在孵化器内消毒。种蛋的消毒可采用多种方法，最常用的是甲醛熏蒸消毒法。

①甲醛熏蒸消毒法　即按每立方米消毒柜容积使用甲醛 14～30ml，高锰酸钾 7～15g 的比例熏蒸 20～30min。熏蒸时应将门窗关严，室内温度保持在 25℃，湿度 75%～80%。温湿度低于此要求消毒效果差。

②新洁尔灭消毒法　用原液 5% 的溶液，喷洒在种蛋表面即可。

③氯消毒法　将种蛋浸入含有活性氯 1.5% 的漂白粉溶液中 3min，取出尽快晾干后装盘即可。

④碘消毒法　将种蛋置于 0.1% 的碘溶液中浸泡 30～60s，取出晾干后装盘。

⑤抗生素溶液消毒法　适合于种蛋入孵前消毒，将种蛋置于 38℃ 温箱中 6～8h 后，浸泡在 0.05% 的土霉素或链霉素溶液中 10～15min，取出晾干后即可装盘。

【技能考核标准】

序号	考核项目	评分标准		考核方法	考核分值	熟练程度
		分值	扣分依据			
1	种蛋选择	30	外观选择不准确扣 10 分，忽略蛋形指数选择扣 5 分，照蛋不准确扣 5 分，听音不准确扣 10 分			基本掌握/熟练掌握
2	种蛋保存	30	保存时间控制不准确扣 10 分，保存温度不准确扣 10 分，保存湿度不准确扣 10 分	小组合作操作与单人操作考核相结合		基本掌握/熟练掌握
3	种蛋消毒	20	消毒方法不全面扣 10 分，消毒液配比不准确扣 10 分			基本掌握/熟练掌握
4	规范程度	20	操作不规范、混乱各扣 10 分			基本掌握/熟练掌握

【复习与思考】

1. 从看、听、嗅等方面阐述种蛋的选择方法。
2. 禽蛋的各种消毒方法有何优缺点？

实训四　孵化机的结构与使用

【实训目标】认识孵化机各部构造并熟悉其使用方法。实际参加各项孵化操作，熟悉机械孵化的基本管理技术。

【材料和用具】入孵机、出雏机、控温仪、温度计、湿度计、体温计、标准温度计、标准湿度计、转数计、风速计、孵化室有关设备用具、记录表格、孵化规程。

【实训时间】2 学时，教师讲解 1 学时，学生模拟操作 1 学时。

【实训场所】孵化场

【内容和方法】

一、孵化机的构造和使用

按实物依序识别孵化机和出雏机的各部构造并熟练掌握其使用方法（图 4 - 1、图 4 - 2）。

图 4 - 1　孵化机

图 4 - 2　出雏机

二、孵化的操作技术

根据孵化操作规程，在教师指导和工人的帮助下，进行各项实际操作。

1. 选蛋

①首先将过大、过小的，形状不正的，壳薄或壳面粗糙的及有裂纹的蛋剔除。

②选出破壳蛋，每手握蛋 3 个，活动手指使其轻度冲撞，撞击时如有破裂声，则将破蛋取出。

③照验，初选后再用照蛋器检视，将遗漏的破蛋和壳面结构不良的蛋剔出。

2. 码盘和消毒

①码盘，选蛋同时进行装盘。码盘时使蛋的钝端向上，装后清点蛋数，登记于孵化记录表中。

②消毒，种蛋码盘后即上架，在单独的消毒间内按每立方米容积置甲醛 30ml、高锰酸钾 15g 的比例熏蒸 20 ~ 30min。熏蒸时关严门窗，室内温度保持 25 ~ 27℃，湿度75% ~ 80%，熏后排出气体。

3. 预热

入孵前 12h 将蛋移至孵化室内，使种蛋逐步升温。

4. 入孵

①预热后按计划于 15 ~ 17 点上架孵化，出雏时集中在白天，便于工作。

②天冷时，上蛋后打开孵化机的辅助加热开关，使加速升温，以免影响孵胚早期的发育，待温度接近要求时即关闭辅助加热器。

5. 孵化条件

实训时按下列孵化条件进行操作：

①孵化室条件：温度 20 ~ 22℃，湿度 55% ~ 60%，通风换气良好。

②孵化条件（表 4 - 1）

表 4 - 1 孵化条件

孵化条件　孵化器	孵化机	出雏机
温　度	37.8℃	37.2 ~ 37.5℃
湿　度	55% 左右	65% 左右
通气孔	开 50% ~ 70%	全 开
翻　蛋	每 2h 1 次	停止

6. 翻蛋

每 2h 翻蛋 1 次，翻动宜轻稳，防止滑盘。出雏期停止翻蛋。每次翻蛋时，蛋盘应转动 90°。

7. 温、湿度的检查和调节

应经常检查孵化机和孵化室的温、湿度情况，观察机器的灵敏程度，遇有超温或降温时，应及时查明原因检修和调节。机内水盘每天加温水 1 次。

8. 孵化机的管理

孵化过程中应注意机件的运转，特别是电机和风扇的运转情形，注意有无发热和撞击声响的机件，定期检修加油。

9. 移蛋和出雏

①孵化 18 天或 19 天照检后将蛋移至出雏机中，同时增加水盘，改变孵化条件。
②孵化满 20 天后，将出雏机玻璃门用黑布或黑纸遮掩，免得已出壳的雏鸡骚动。
③孵化满 20 天后，每天隔 4h 拣出雏鸡和蛋壳 1 次。
④出雏完毕，清洗雏盘，消毒。

10. 熟习孵化规程与记录表格

仔细阅览孵化室内的操作规程、孵化日程表、工作时间表、记温表和孵化记录等。

【技能考核标准】

序号	考核项目	评分标准		考核方法	考核分值	熟练程度
		分值	扣分依据			
1	构造认识	20	孵化机各功能部位认知不全面扣 10 分，出雏机各功能部位认知不全面扣 10 分			基本掌握/熟练掌握
2	入孵	20	选蛋、消毒不准确扣 10 分，预热不及时扣 10 分			基本掌握/熟练掌握
3	孵化操作	20	温度、湿度的设定不准确扣 10 分，翻蛋、孵化机调控不及时扣 10 分	小组合作操作与单人操作考核相结合		基本掌握/熟练掌握
4	出雏	20	移胚不及时扣 10 分，出雏后清洗、消毒不及时扣 5 分，记录不准确扣 5 分			基本掌握/熟练掌握
5	规范程度	20	操作不规范、混乱各扣 10 分			基本掌握/熟练掌握

【复习与思考】

1. 将孵化过程中记录的相关数据进行统计，分析影响孵化效果的因素。
2. 根据孵化机的使用方法阐述孵化整个操作过程。

实训五　雏鸡断喙技术

【实训目标】使学生掌握鸡的断喙操作方法。

【材料和用具】7～10日龄雏鸡若干只，雏鸡笼、电热断喙剪、感应式电烙铁、电热断喙器等。

【实训时间】2学时，教师讲解示范0.5学时，学生操作1.5学时。

【实训场所】实训基地育雏舍或实训室。

【内容和方法】

一、断喙目的

为防止鸡啄羽、啄肛、啄翅、啄趾等啄癖的发生，一般饲养在开放式鸡舍的雏鸡都要进行断喙。

二、断喙时间

在1～12周龄均可进行，不能超过14周龄。商品蛋鸡场多在7～10日龄断喙，而后在7～8周龄或在10～12周龄时再作适当的补充修剪。

三、准备工作

断喙前后3天用维生素K_3饮水促进止血，剂量5mg/L，饲料中酌情增加维生素C的用量，并添加阿莫西林等抗菌药物。

四、断喙方法

1. 电热断喙剪断喙

先将电热断喙剪通电加热，用手轻轻按压鸡的咽喉，这样可使鸡舌回缩，避免切伤和烫伤，上喙断1/2，下喙断1/3，刀片与鸡喙接触时间为2～3s，以达到为烧烙鸡喙生长点止血的目的，刀片温度应调节到700℃左右，外观暗红色。

2. 感应式电烙铁断喙

先将电烙铁通电加热，然后将鸡喙稍向下倾斜烙掉雏鸡上下喙的一部分，上短下长。

3. 电热电动断喙器断喙

将断喙器加热到适宜温度，操作时左手抓雏鸡的嘴部，右手拇指压在雏鸡头上，食指轻压咽喉部，使雏鸡缩舌，然后将喙插入断喙器的小孔内，电热刀片从上向下切断上下喙的部分，并烧烙 1~2s 止血（图 5 -1、图 5 -2）。

图 5 -1　电热电动断喙器

图 5 -2　精确断喙示意图

4. 检查

断喙结束后，对已断过喙的雏鸡，认真检查，若发现有个别出血或断喙不当的雏鸡，应抓回再灼烙止血。

5. 善后处理

断喙后应有专人看护鸡群，如发现血流不止者应烧烙止血，断喙后可饮一次含碘季胺盐消毒水，以帮助消毒，提高上料厚度，并加水增高水位。

五、断喙的注意事项

①断喙的前 3 天不能喂磺胺类药物，否则会导致断喙时出血过多。
②断喙应选择天气凉爽的时候进行。
③断喙后饲槽内应多加一些料，以便于鸡的采食。
④作种用的小公鸡可不断喙或只断去少许喙尖，以免影响配种。

【技能考核标准】

序号	考核项目	评分标准		考核方法	考核分值	熟练程度
		分值	扣分依据			
1	断喙设备调试	15	设备不会调试扣 3 分，操作不规范扣 1 分			基本掌握/熟练掌握
2	雏鸡保定	20	手法不正确扣 5 分			基本掌握/熟练掌握
3	断喙操作	40	具体操作不正确扣 20 分，具体操作不规范扣 10 分	单人操作考核		基本掌握/熟练掌握
4	断喙后检查	20	断喙后不检查扣 20 分，检查后发现雏鸡出血不处理扣 10 分			基本掌握/熟练掌握
5	规范程度	5	操作不规范、混乱各扣 2 分			基本掌握/熟练掌握

【复习与思考】

1. 断喙前后应做好哪些工作？
2. 断喙时应注意哪些事项？

实训六　肉鸡的屠宰与分割技术

【实训目标】掌握肉鸡屠宰方法、分割部位和分割技术，掌握家禽屠宰率的测定和计算方法。

【材料和用具】肉鸡、解剖刀、剪刀、镊子、电热水壶、脸盆、案板、托盘。

【实训时间】2 学时

【实训场所】屠宰实训室

【内容和方法】

取上市日龄的肉鸡，宰前禁食 12h 后称重，然后屠宰。

一、肉鸡屠宰操作步骤

①电水壶烧热水，水温烧至沸腾。

②1 人固定肉鸡，使其脚向上，头向下，并固定其翅膀不能动弹。

③固定肉鸡后，1 人左手紧抓鸡头，使其后仰，右手将鸡耳下颈部宰杀部位的毛拔去少许，然后用刀切断颈动脉或颈静脉，放血致死。

或将小刀或剪刀伸进鸡的口腔内，割断咽喉部的食道、气管和血管。随后可把刀抽出约一半，从鸡的上颌裂处刺入，沿耳眼之间斜刺延脑，加速其死亡。

④放血后，将鸡放入调节好的 65 ~ 70℃ 水中 3 ~ 5min，拔毛、去脚皮。

⑤仔细用镊子拔掉头部绒毛。

⑥用清水洗净整个鸡体。

二、肉鸡分割步骤

1. 净膛

鸡体净膛可以从肛门四周剪开（不切开腹壁），剥离直肠，将内脏取出。也可以从胸骨的两侧斜线切开，打开腹腔，将内脏取出。

为保证鸡胴体质量，鸡体在开膛、取出内脏时注意以下几点。

开膛前将鸡体向上，手掌托住背部，用两拇指用力按住鸡体下腹，向下推挤，将粪便从肛门排出体外，以避免直肠中的粪便污染禽体。拉鸡肠时，要仔细、小心操作，尽可能保护内脏的完整。此外，不能弄破胆或拉断肠管，造成内脏和腹腔的污染。如果胆破或肠断，立即用清水冲洗干净。

半净膛：屠体除去气管、食道、嗉囊、肠、脾、胰、胆和生殖器官、肌胃内容物及角质膜。

全净膛：在半净膛的基础上再去除心、肝、腺胃、肌胃、肺、腹脂和头脚。

2. 分割（图 6-1）

第一步：净膛后，按产品用途收集整理肠、心、肝、肌胃等。

第二步：去头，从颌后环椎处平直切下鸡头。

第三步：去脚，从左右跗关节分别取下左右爪。

第四步：去腿，从胸关节剑状软骨至髋关节前缘的连线处分别取下左右腿，包括大腿和小腿。

第五步：去翅，从肩胛部位卸下左右翅。

第六步：去颈，从第 14 颈椎处切下颈部。

第七步：分离肌肉。胸肌，从胸骨附近分离出两侧胸肌肉；腿肌，左右腿去骨去皮。

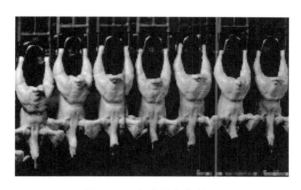

图 6-1　肉鸡屠宰分割图

三、计算

1. 称重项目

称重项目有活重、屠体重、半净膛重、全净膛重、腿重、翅膀重、腿肌重、胸肌重和腹脂重。

活重：指在屠宰前停饲 12h 后的重量。

屠体重：活鸡宰杀后，去毛去血的重量。

半净膛重：鸡体半净膛重量。

全净膛重：鸡体全净膛重量。

2. 产肉性能各项指标计算方法

屠宰率（％）＝（屠体重/活重）×100

半净膛率（％）＝（半净膛重/活重）×100

全净膛率（％）＝（全净膛重/活重）×100

腿比率（％）＝（两侧腿重/全净膛重）×100

翅膀率（％）＝（两侧翅膀重/全净膛重）×100

胸肌率（％）＝（胸肌重/全净膛重）×100

腿肌率（％）＝（大小腿净肌肉重/全净膛重）×100

【技能考核标准】

序号	考核项目	评分标准		考核方法	考核分值	熟练程度
		分值	扣分依据			
1	材料准备	10	试验对象缺失或挑选不合理扣2分，屠宰、分割用具等缺失一个扣2分。扣满10分为止	小组合作操作与单人操作相结合		基本掌握/熟练掌握
2	肉鸡屠宰	30	屠宰动作不规范扣5分，抓鸡、保定鸡不规范扣5分，屠宰步骤不规范扣15分			基本掌握/熟练掌握
3	肉鸡分割	30	分割动作不规范扣5分，称量不规范扣5分，分割步骤不规范扣15分			基本掌握/熟练掌握
4	数据计算	15	数据记录表填写不规范扣5分，计算错误扣10分			基本掌握/熟练掌握
5	规范程度	15	操作不规范、混乱扣5分，小组合作不协调扣10分			基本掌握/熟练掌握

【复习与思考】

1. 肉鸡屠宰与分割的操作过程。

2. 肉鸡产肉性能各项指标的计算方法。

附表　肉鸡屠宰与分割数据记录分析表　　　　（单位：g,％）

编号	性别	活重	屠体重	屠宰率	半净膛重	半净膛屠宰率	全净膛重	全净膛屠宰率	备注

（续表）

腿重	腿比率	翅膀重	翅膀率	胸肌重	胸肌率	腿肌重	腿肌率	腹脂重	腹脂率

实训七　水禽活拔羽绒技术

【实训目标】通过本次实训，使学生掌握鸭、鹅活体拔取羽绒的操作技术。

【材料和用具】鸭或鹅若干只。药棉、消毒药水、板凳、秤、围栏、酒、醋和装羽绒的容器等。

【实训时间】2 学时

【实训地点】水禽养殖场

【内容和方法】

一、准备

选择避风向阳的场地，地面打扫干净。参加拔羽的鸭或鹅在拔羽前几天勤换水，勤换垫料，保持禽体干净。拔羽前 16h 停喂，防止在拔羽前因排粪污染羽绒；第一次拔羽前每只鹅灌服白酒加食醋 10ml（酒醋比为 1：3），不但减轻鹅体痛苦，而且易拔。灌服后 10～15min 即可拔羽。

二、保定

操作者坐在板凳上，用绳捆住鹅（鸭）的双脚，将鹅（鸭）头朝向操作者，腹部向上，两翅夹在操作者双膝间。

三、拔羽

拔羽顺序是先从颈的下部、胸的上部开始拔羽。从左到右，自胸至腹，一排排紧挨着用拇指、食指和中指捏住羽绒的根部往下拔。拔绒朵时手指紧贴皮肤，捏住绒朵基部，以免断而成为飞丝，降低羽绒的质量。胸腹部的羽绒拔完后，再拔体侧、腿侧和尾根旁的羽绒。翻转鹅（鸭）体躯，双膝夹住鹅（鸭）两腿，左手抓住双翅和头颈，右手从颈部按顺序沿肩、背至尾根拔取，翅羽和尾羽不拔。

拔下的羽绒要轻轻放入身旁的容器中，放满后再及时装入布袋中，装满后用细绳将袋口扎紧贮存。在操作过程中，拔羽方向顺拔和逆拔均可，但以顺拔为主，如果不慎将皮肤拔破，应立即用消毒药水涂抹消毒。

四、羽绒的包装和贮存

羽绒的包装大多采用双层包装，即内衬厚塑料袋，外套塑料编织袋，包装时要尽量轻拿轻放。羽绒要放在干燥、通风的室内贮存。在贮藏期间要注意防潮、防霉、防蛀、防热。

五、拔羽绒时的注意事项

①拇指和食指紧贴羽根迅速拔下。
②每次拔羽绒数量不可太多，以 2 ~ 3 根为宜。
③要按顺序拔，不可乱拔，最好顺拔；有色羽绒要单独存放。
④拔羽绒后的鹅（鸭）要加强饲养管理，3 天内不在强烈阳光下放养，7 天内不要让鹅下水和淋雨。

【技能考核标准】

序号	考核项目	评分标准		考核方法	考核分值	熟练程度
		分值	扣分依据			
1	材料准备	20	家禽饲养管理不卫生扣 10 分，各器械准备不齐全扣 5 分，试剂准备不准确扣 5 分			基本掌握/熟练掌握
2	家禽保定	30	动作粗鲁扣 10 分，造成家禽死亡扣 10 分，动作不规范扣 10 分	小组合作操作与单人操作考核相结合		基本掌握/熟练掌握
3	拔羽	30	拔羽顺序错误扣 10 分，造成家禽伤害扣 10 分，包装存放不准确扣 10 分			基本掌握/熟练掌握
4	规范程度	20	操作不规范、混乱各扣 10 分			基本掌握/熟练掌握

【复习与思考】
拔羽绒的技巧有哪些？

模块二

应用分析技能

实训八 蛋结构观察与蛋品质分析

【**实训目标**】了解蛋的构造并掌握蛋的品质测定方法。

【**材料和用具**】

①新鲜鸡蛋若干枚；保存 4 周以上的陈旧鸡蛋若干枚；煮熟的新鲜鸡蛋若干枚。

②照蛋器、粗天平、培养皿、放大镜、剪子、手术刀、镊子、液体比重计，配制好的不同比重的盐溶液。

③蛋白高度测定仪、蛋壳强度测定仪、蛋壳厚度测定仪、蛋形指数测定仪、蛋白蛋黄分离器、罗氏（Roche）比色扇、游标卡尺、光电反射式色度仪。

【**实训时间**】2 学时

【**实训地点**】多媒体实训室

【**内容和方法**】

一、蛋的构造

1. 壳上膜（胶护膜）

蛋壳外面的一层透明的保护膜。

2. 蛋壳

蛋壳上有无数个气孔，用照蛋器可以清楚地看到气孔的分布。

3. 蛋壳膜

蛋壳膜分为两层，紧贴蛋壳的叫做外壳膜，包围蛋内容物的叫蛋白膜，也叫做内壳膜，外壳膜和内壳膜在蛋的钝端分离开而形成气室。

4. 蛋白

由外稀蛋白（约占 23%）、浓蛋白（约占 57%）、内稀蛋白（约占 17.3%）、系带浓蛋白（约占 2.7%）组成。

5. 系带

在蛋黄的纵向两侧有两条相互反向扭转的白带叫做系带。

6. 蛋黄

蛋黄膜→浅蛋黄→深蛋黄→蛋黄心→胚盘（或胚珠）。胚盘或胚珠位于蛋黄的表层。胚盘在蛋黄中央有一直径约 3~4mm 的里亮外暗圆点，而胚珠此圆点不透明且无明暗之分（图 8-1）。

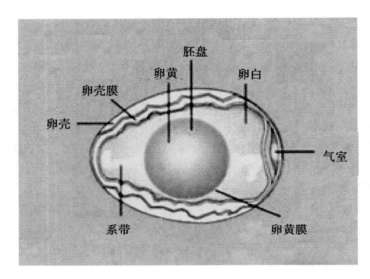

图 8-1 蛋的结构示意图

二、蛋的品质测定

1. 蛋重

用电子秤或粗天平称蛋重。鸡蛋的重量在 40~70g；鸭蛋 70~100g；鹅蛋在 120~200g。

2. 蛋壳颜色

用光电反射式色度仪测定。颜色越深，反射测定值越小，反之则越大。用该仪器在蛋的大头、中间和小头分别测定，求其平均值。一般情况下，白壳蛋蛋壳颜色测定值为 75 以上，褐壳蛋为 20~40，浅褐壳蛋为 40~70，而绿壳蛋为 50~60。一般生产中采用目测法。

3. 蛋形指数

蛋形是由蛋的长径与短径比例即蛋形指数来表示。蛋形指数是蛋的质量的重要指标，它与受精率、孵化率及运输有直接关系。正常鸡蛋的蛋形指数 1.32 ~ 1.39，标准为 1.35。如用短径比长径则在 0.72 ~ 0.76，标准为 0.74。鸭蛋蛋形指数在 1.20 ~ 1.58（或 0.63 ~ 0.83）。

4. 蛋的比重

蛋的比重不仅能反映蛋的新陈程度，也与蛋壳的致密度有关。测定方法是在每 3 000ml 水中加入不同重量的食盐，配制成不同浓度的溶液，用液体比重计校正后使每份溶液的比重依次相差 0.005。详见表 8 – 1。测定时先将蛋浸入清水中，然后依次从低比重向高比重溶液中通过，当蛋悬浮于液体中即表明其比重与该溶液比重相等。鸡蛋适宜的比重为 1.080 以上；鸭蛋为 1.090 以上；火鸡蛋为 1.080 以上；鹅蛋为 1.110 以上。

表 8 – 1 不同比重的食盐溶液配制表

溶液比重	1.060	1.065	1.070	1.075	1.080	1.085	1.090	1.095	1.100
水（ml）	3 000	3 000	3 000	3 000	3 000	3 000	3 000	3 000	3 000
加入食盐量（g）	276	300	324	348	372	396	420	444	468

5. 蛋壳强度

蛋壳强度是指蛋对碰撞或挤压的承受能力（单位为 kg/cm^2），是蛋壳致密坚固性的重要指标。方法是用蛋壳强度仪进行测定。

6. 蛋白高度和哈氏单位

将蛋打在蛋白高度测定仪的玻璃板上，用测定仪在浓蛋白较平坦的地方取两点或三点，求其平均值（图 8 – 2）。注意避开系带（单位为 mm）。根据蛋重和蛋白高度两项数据，用下列公式计算出哈氏单位值。也可用"蛋白品质查寻器"查出哈氏单位及蛋的等级。新鲜蛋哈氏单位在 75 ~ 85，蛋的等级为 AA 级。

计算公式：

$HU = 100\log (H – 1.7W0.37 + 7.6)$

式中　H——蛋白高度（mm）；

　　　W——蛋重（g）；

　　　HU——哈氏单位。

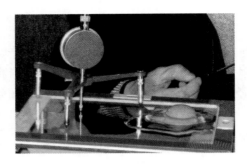

图 8 - 2　蛋白高度测定

7. 蛋壳厚度

指蛋壳的致密度。用蛋壳厚度测量仪在蛋壳的大头、中间、小头分别取样测量，求其平均值（单位为 μm）。注意在测量时去掉蛋壳上的内、外壳膜为蛋壳的实际厚度，一般在 330μm。如果没去蛋壳内外膜，则是表观厚度，一般在 370μm。

8. 蛋黄颜色

比较蛋黄色泽的深浅度。用罗氏比色扇取相应值，一般在 7～9 级。

9. 血斑与肉班

血斑与肉班是卵子排卵时由于卵巢小血管破裂的血滴或输卵管上皮脱落物形成。血斑与肉班与品种有关。

三、观察蛋的构造

1. 气室

用照蛋灯观察气室变化，新鲜蛋气室相对小，一般直径为 0.9cm，高度为 2mm。

2. 层次

将煮熟的蛋剥壳后用刀纵向切开，观察蛋白层次，蛋黄深浅层及蛋黄心。

3. 剖检

①将蛋平放于培养皿上静置，用刀或手术剪在蛋壳的平面上开一个洞，用镊子扩大洞口，观察胚盘或胚珠。

②将蛋打入培养皿内，观察鸡蛋的构造及内容物，用剪刀将浓蛋白剪开可发现内稀蛋白流出，并仔细观察两条系带。

③用蛋白蛋黄分离器将蛋白与蛋黄分离开，分别称蛋重、蛋壳重、蛋白重、蛋黄重，计算各部分占蛋重的比例。

【技能考核标准】

序号	考核项目	评分标准		考核方法	考核分值	熟练程度
		分值	扣分依据			
1	蛋组成认知	20	蛋构造认知不全扣10分，蛋构造各部分名称不准确扣10分	小组合作操作与单人操作相结合		基本掌握/熟练掌握
2	蛋品质测定	30	测定指标不全面扣10分，测定不准确扣10分，试剂配比不准确扣10分			基本掌握/熟练掌握
3	蛋构造观察	20	剖检不科学扣10分，观察不全面扣5分			基本掌握/熟练掌握
4	数据计算	15	数据记录表填写不规范扣5分，计算错误扣10分			基本掌握/熟练掌握
5	规范程度	15	操作不规范、混乱扣5分，小组合作不协调扣10分			基本掌握/熟练掌握

【复习与思考】

1. 绘出蛋的纵剖面图并注明各部名称。

2. 每组分别测定2~3枚鸡蛋、鸭蛋、鹅蛋，并将测定结果填入蛋品测定表中（表8-2）。

3. 将剖检后蛋的各部分重量占全蛋重的百分率填入表8-2。

表8-2 蛋品质测定登记表

品种	色泽	编号	重量（g）	长径（cm）	短径（cm）	蛋形指数	比重	蛋壳厚度	蛋黄颜色	血斑肉斑	蛋白高度	哈氏单位	蛋黄重（g）	蛋黄百分率（%）
鸡蛋														
鸭蛋														
鹅蛋														

实训九　鸡的人工授精技术

【实训目标】掌握鸡采精和输精技术；掌握精液品质鉴定方法。

【材料和用具】种公鸡、种母鸡若干只、采精杯、贮精管、输精管、毛剪、显微镜、载玻片、保温桶、温度计、棉花、烘干箱、水浴锅、蒸馏水、显微镜保温箱、95%酒精、0.5%龙胆紫、0.9%的氯化钠溶液。

【实训时间】2学时，教师讲解示范1学时，学生操练1学时。

【实训场所】种鸡场

【内容和方法】

一、准备工作

1. 采精和输精用具的消毒

采精杯、集精杯、试管、吸管、输精枪要用清水冲洗干净，再用试管刷洗刷，清水冲洗后，用蒸馏水洗干净，放入干燥箱消毒待用。

2. 输精用的胶头特别要消毒彻底

每次使用前，先用清水冲洗，用脱水机脱水5min→放入第一桶装有75%的酒精里浸泡10min→脱水5min→放入第二桶酒精里浸泡5min→用蒸馏水冲洗2次→脱水5min→放入恒温箱干燥2h（50℃）待用。

3. 常规消毒

采精和输精操作人员进入鸡舍前要做好常规的消毒，特别是双手的消毒。

二、采精

采用两人合作按摩法采精。一人操作一人作助手。助手从鸡笼里抓出公鸡，左手抓住鸡双翅膀，右手抓住双脚，人坐在事先准备好的小方凳上，并把鸡的双脚交叉夹在操作者双腿里，使鸡头向左背朝上。

采精者左手掌心向下，紧贴公鸡腰背，向尾部做轻快而有节奏的按摩。同时右手接过采精杯，用中指和无名指夹住，杯口朝外，拇指与其余四指分开放在公鸡的耻骨下方，做腹部按摩准备。当左手从公鸡背部向尾部按摩，公鸡出现泄殖腔外翻或呈交尾动作（性反射）时，用按摩背部的左手掌迅速将尾羽压向背部，并将拇指与食指分开放于泄殖腔上方，做挤压准备。同时用右手在鸡腹部进行轻而快的抖动按摩，当泄殖腔外翻，露出勃起的退化阴茎时，左手拇指与食指立刻捏住泄殖腔外缘，轻轻压挤，当排精动作出现时，夹着采精杯的右手迅速翻转，手背朝上，将采精杯放在泄殖腔下边，配合左手将精液收入采精杯内。如此方法重复 2～3 次即完成每只公鸡的采精。采出精液后助手把公鸡放回原笼再作下一个公鸡的采精。公鸡的正常精液为乳白色，每只公鸡每次可采精液 0.5～1ml。每天或隔天采精 1 次。

三、精液的品质检查

1. 外观检查

正常精液为乳白色不透明液体。混入血液为粉红色，被粪便污染为黄褐色，尿酸盐混入时则呈粉白色棉絮状，过量的透明液混入则有水泽状。凡受污染的精液品质急剧下降，受精率不会高。

2. 活力检查

采精后 20～30min 内进行，取精液及生理盐水各一滴，置于载玻片一端混匀，放上盖玻片。精液不宜过多，以布满两片间空隙不溢出为宜。在 37℃ 用 200～400 倍显微镜检查；精子作直线前进运动的，有受精能力，以其占比例多少评为 0.1～0.9 级。作圆周运动、摆动两种方式运动的精子均无受精能力。活力高、密度大的精液呈旋涡翻滚状态。

3. 密度检查

（1）红细胞计数板计数法

用不同的微量取样器分别取具有代表性的原精 100μl 和 3% 的氯化钾 900μl 混匀。在计数板的计数室上放一盖玻片，取少量上述混合精液放入计数板槽中，在高倍镜下计数 5 个方格内精子的总数，将该数乘以 50 万即得原精液的精液密度。

（2）估测法

密度大：显微镜下整个视野布满精子，几乎无空隙，40 亿个以上/ml。
中等密度：精子距离明显，20 亿～40 亿个/ml。
密度稀：精子间有很大空隙，20 亿个以下/ml。

4. 畸形检查

取精液一滴于玻片上抹片，自然干燥后用 95% 酒精固定 1～2min 冲洗，再用 0.5%

龙胆紫或红蓝墨水染色3min冲洗，干后镜检，300~500个精子中有多少个畸形精子。

5. 精液的稀释和保存

精液的稀释应根据精液的品质决定稀释的倍数，一般稀释为1:1。常用稀释液是0.9%的氯化钠溶液。精液稀释应在采精后尽快进行。精液的保存采用低温保存和冷冻保存。现在生产实际中采精后直接就输精，或者将精液稀释后置于25~30℃的保温桶中保存并在20~40min内输完。

四、输精

母鸡的输精采用输卵管外翻输精法，也是由两人合作完成。操作方法是：一人用右手抓住母鸡的双脚把母鸡提起，鸡头朝下，肛门向上。左手掌置母鸡耻骨下，用尾指和无名指拨开泄殖腔周围的羽毛，并在腹部柔软处施以压力。施压时尾指、无名指向下压，中指斜压、食指与拇指向下向内轻压即翻出输卵管。在翻出输卵管同时，另一人用输精枪预先吸取精液向输卵管输精。输精枪的胶头插入输卵管2.5~3cm，在插到2.5~3cm处的瞬间，稍往后拉，以解除对母鸡腹部的压力，这时向输卵管快速输精（图9-1）。

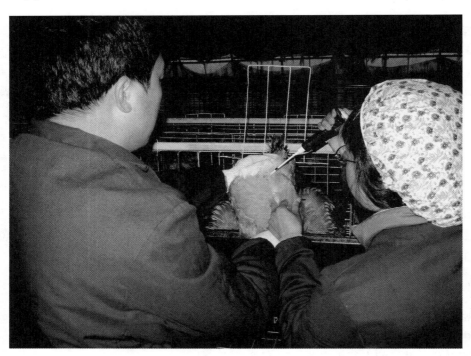

图9-1　输精

输精量和输精次数取决于精液品质。蛋用型鸡在产蛋高峰期每5~7天输1次，每次量为原液0.025ml或稀释精液0.05ml。产蛋初期和后期则为4~6天输1次，每次量为原液 0.025 ~ 0.05ml，稀释精液 0.05 ~ 0.075ml。肉种鸡为 4 ~ 5 天输 1 次，每次量为原液 0.03ml，中后期 0.05 ~ 0.06ml，4 天 1 次。要保持高的受精率就要保证每只鸡每次输入的有效精子数不少于 8 000万 ~ 1 亿个。

【技能考核标准】

序号	考核项目	评分标准		考核方法	考核分值	熟练程度
		分值	扣分依据			
1	采精	20	采精器械消毒不充分扣 5 分，公鸡保定不准确扣 5 分，造成精液污染扣 10 分	小组合作操作		基本掌握/熟练掌握
2	精液品质检查	25	外观检查判断不准确扣 5 分，活力检查延时、不准确各扣 5 分，密度检查不精确扣 10 分			基本掌握/熟练掌握
3	精液稀释	20	稀释液配置不科学扣 5 分，稀释倍数不准确扣 5 分			基本掌握/熟练掌握
4	输精	20	翻肛操作不正确扣 10 分，输精部位不正确扣 10 分			基本掌握/熟练掌握
5	规范程度	15	操作不规范、混乱扣 5 分，小组合作不协调扣 10 分			基本掌握/熟练掌握

【复习与思考】

1. 简述鸡的采精和输精技术要点。
2. 精液品质鉴定的方法。

实训十 孵化胚胎、初生雏生物学检查

【实训目标】通过实训使学生掌握鸡胚及雏鸡的生物学检查方法，了解胚胎发育异常的原因。

【材料和用具】孵化 6 天、11 天、19 天胚龄发育正常的鸡胚，无精蛋、死胚蛋、弱胚蛋，照蛋器、镊子、培养皿、手术剪、放大镜，孵化场孵化数据资料。

【实训时间】2 学时

【实训场所】孵化场或实训室

【内容和方法】

生产中使用较多的检查方法主要有以下几种。

一、照蛋

胚胎的发育在器官的变化中每阶段会有不同的表现，但是绝大多数在外观不能进行清晰的观察和准确的判断。但是在关键的发育阶段，可以借助外部光源，透视胚胎在蛋表面的影像，观察此阶段的胚胎发育。通常用照蛋器，在室内光线昏暗中检查。一般检查在第 1 次照蛋（鸡胚 6 天，鸭胚 7 天，鹅胚 8 天），第 2 次照蛋（鸡胚 11 天，鸭胚 13 天，鹅胚 15 天）和第 3 次照蛋（鸡胚 19 天，鸭胚 25 天，鹅胚 28 天）（表 10 - 1）。

表 10 - 1 孵化照蛋检查的多种情况

项目	第一次照蛋	第二次照蛋	第三次照蛋
无精蛋	气室不明显，除蛋黄呈淡黄色的朦胧浮影外，其余蛋身透亮。旋转孵蛋时，可见扁圆形的蛋黄悠荡飘转，速度较快	气室不清晰，蛋的内容物混浊	没有倾斜的气室，蛋的内容物多，界限不明显，没有胚胎
中死蛋	死胚蛋有血液扩散后形成血圈、血弧、血块、血点或断裂的血管残痕	胚胎壳膜粘连，胚胎上浮，黑影不动	死胎蛋气室边缘无弯曲或弯曲度不大，小头部分发亮，血管混浊，无胎动，蛋身发凉

（续表）

项目	第一次照蛋	第二次照蛋	第三次照蛋
正常胚蛋	发育正常胚蛋可见明显的血管网沿气室向下成瀑布样分布，可以看见成哑铃形的胚胎黑影闪动，蛋中央有比较粗的血管 2～3 根和黑影相连，血管网分布超过蛋的4/5	尿囊在蛋的锐端（横放水禽在底部）合拢，胚胎的血管加粗，遍布整个内表面，血管不动，血液颜色加深，可以看见明显胎动	活胎蛋照检时可见气室的边缘是弯曲倾斜的处于斜口阶段，气室大，在气室中可见黑影闪动。蛋身全部不透光
发育异常胚胎	弱胚蛋血管比较纤细，看不到黑影闪动，血管网分布面积小	弱胚尿囊没有合拢，血管纤细、透光强	弱胎蛋的小头部分还发亮，气室边缘未弯曲或弯曲度小

二、蛋重和气室的变化

胚蛋在孵化过程中，由于蛋的内容物和自然环境的差异，不可能保持一成不变，随着胚胎的发育，胚胎每消化 1g 蛋黄要产生 1ml 的代谢水排除，再加上蛋内水分的蒸发，所以，蛋失重在 20% 左右。虽然蛋的失重由于孵化条件和胚胎的发育进程不同，失重每天不均匀，但是可以在几个阶段有较好的规律体现。入孵前，随机选择一整盘种蛋，全盘称重，做好记录和标记。孵化过程中，剔除破损、死胚、无精蛋，测活胚胎总重量，再平均每个胚胎的重量。如果为了准确，可以固定一个蛋盘称重：每个种蛋逐一称重，中间剔出的种蛋不再记录在内，这样可以准确到每枚禽蛋的失重（表 10 – 2、表 10 – 3）。

表 10 – 2　鸡蛋在孵化中的减重参数（%）

孵化天数	6	9	12	15	19
减重	2.5～3	5～7	7.5～9	10～11	12～14

表 10 – 3　鹅蛋在孵化中的减重参数（%）

孵化天数	5	10	15	20	25
减重	1.5～2.0	3～5	6～8	9～10	11～12.5

气室的变化，在孵化中逐渐的增大，可以通过测定短径和长径数值，做差值比率，查相应的对数表格数据就可以判断气室的变化和胚胎的发育规律了。

三、死胚剖检、生物学检查

通过剖视来检查各个阶段的死胚情况。打开胚蛋可以从多角度入手，采用从种蛋的品质、传染性疾病、孵化条件、营养状况等角度观察，大致确定组织器官和内容物的变化，从而判断死亡产生的原因（图 10 – 1）。

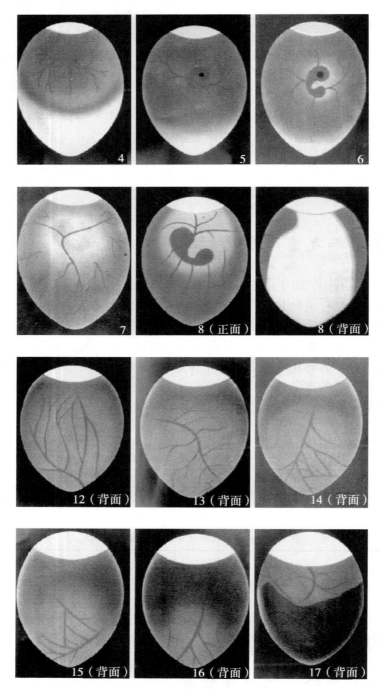

图 10 – 1　鸡胚胎发育照蛋图

注：图中数字表示孵化天数

1. 剖视

打开死胚蛋，首先观察蛋的内容物的变化，有无混浊、出血、霉变；再看胚胎的发育变化；胎膜的发育程度是否完全；用嗅觉去闻有无异味。

2. 种蛋的品质的影响孵化

种蛋在保存、消毒过程中不规范，就会一定程度影响胚胎发育；种禽营养不良或者管理不当会造成种蛋品质较差。

3. 检查死胚的顺序

检查首先判定死亡胚龄，注意皮肤、肝脏、肌胃和心脏等内脏系统的病理变化，有无充血、贫血、出血、水肿、萎缩、肥大、变形、畸形等情况，以确定死亡发生的原因。同时对于发育完成破壳困难的，观察胎位、尿囊脱落等情况。按照从头到脚，由外及内的观察顺序。

胚胎营养不良症状的特征：骨骼发育不良、变形，胚胎的骨骼长度短，特别是胫部的长度短；胚胎的体重小；蛋白质、蛋黄的吸收速度慢，同期残留多，结节状绒毛，脑膜水肿；形态上骨干弯曲，鹦鹉嘴，颈部弯曲等。

四、啄壳、出壳和健雏率

种鸡蛋孵化满 19 天（种鸭蛋 25 天，种鹅蛋 28 天）后，结合着落盘，以胚胎第一枚蛋开始起嘴始，到大群起嘴间隔的时间，判断胚胎发育的整齐性，啄壳是否集中。

主要观察其啄壳和出壳是否集中，有没有出雏的高峰期。胚胎发育好，则有明显的起嘴和出雏高峰期。孵化条件正常时，雏禽的出雏速度快，出雏高峰明显，具有爆发性。观察雏鸡是否在 20 天 18 小时集中破壳，是否出现时间早或晚等异常情况。雏鸡的出壳速度（从破壳开始至挣扎出壳为止）平均为 8~10h，鸭雏为 14~16h，鹅雏为35h。在达孵化期之后，所有胚胎应该出雏结束，如果出雏没有高峰期，拖的时间长，没有出完，说明孵化效果差。

如果出雏时间提前，雏禽脐部带血，愈合不好，雏禽绒毛毛稍发焦，失水多，瘦小，但是尿囊融合时间正常的话，可能是二照之后孵化温度过高或相对湿度过低所致；出雏时间推迟，雏禽腹部突出，蛋黄吸收差的现象增多，但是尿囊融合时间正常的话，可能是二照之后温度偏低或相对湿度偏大所致。

健雏率的比例较高，说明在胚胎发育过程中，孵化条件控制适宜；如果出现畸形率明显高的情况，说明孵化条件的控制有误差。

五、孵化效果指标的计算

1. 受精率（%）

受精率（%）＝受精蛋数/入孵蛋数×100
受精蛋数包括死精蛋和活胚蛋。

2. 早期死胚率（%）

早期死胚率（%）＝1～5胚龄死胚数/受精蛋数×100
通常统计头照（5胚龄）时的死胚数。

3. 受精蛋孵化率（%）

受精蛋孵化率（%）＝出壳的全部雏数/受精蛋数×100
出壳雏鸡数包括健雏、弱残雏。此项是衡量孵化场孵化效果的主要指标。

4. 入孵蛋孵化率（%）

入孵蛋孵化率（%）＝出壳的全部雏鸡数/入孵蛋数×100
反映种鸡及孵化的综合生产水平。

5. 健雏率（%）

健雏率（%）＝健雏数/出壳的全部雏鸡数×100

6. 死胎率（%）

死胚率（%）＝死胎蛋数/受精蛋数×100
死胚蛋一般指出雏结束后扫盘时的未出壳的种蛋。

【技能考核标准】

序号	考核项目	评分标准		考核方法	考核分值	熟练程度
		分值	扣分依据			
1	照蛋	10	照蛋、发育异常判断不准确扣10分			基本掌握/熟练掌握
2	失重测算	20	孵化不同时期蛋重失重指数测算不准扣10分，气室变化测算不准扣10分			基本掌握/熟练掌握
3	死胚剖检	20	剖检不科学扣10分，孵化影响因素判断不准确扣10分	小组合作操作与单人操作相结合		基本掌握/熟练掌握
4	出壳后检查与护理	20	出壳整齐度判断不准确扣10分，出壳后护理不科学扣10分			基本掌握/熟练掌握
5	指标计算	15	各指标计算不准确、不科学扣15分			基本掌握/熟练掌握
6	规范程度	15	操作不规范、混乱扣5分，小组合作不协调扣10分			基本掌握/熟练掌握

【复习与思考】

1. 每小组检查各自的胚蛋，并做好详细记录，查找原因。

2. 归类填写下表

阶段划分	无精蛋	死胚蛋	发育完成胚蛋	
			健胚	弱胚
第一次照蛋				
第二次照蛋				
第三次照蛋				

3. 剖视检查结果

胚胎表现（病理变化）	死亡时间	死亡原因分析

4. 孵化效果计算

入孵时间	入孵种蛋数（枚）	无精蛋数（枚）	受精率（%）	出雏数（枚）	受精蛋孵化率（%）	健雏数（枚）	健雏率（%）

实训十一　雏鸡的雌雄鉴别

【实训目标】通过实训使学生掌握雏鸡雌雄鉴别方法。

【材料和用具】出雏 24h 以内的健康的公雏 1 200 只、公母混合雏 400 只左右，100W 灯泡 4 个，鉴别台 4 处，排粪缸 4 个、口罩若干、消毒液等。

【实训时间】2 学时

【实训场所】孵化场

【内容和方法】

鸡的交配器官已退化，在雏鸡泄殖腔开口部下端中央有 1 个很小的突起，称为生殖突起；在生殖突起的两旁各有 1 个皱襞，斜向内呈八字形，称为八字皱襞；生殖突起和八字皱襞构成生殖隆起。公雏泄殖腔开口部可见生殖突起，且生殖突起充实，表面紧张，有弹性，有光泽，轮廓鲜明，手指压迫不易变形；母雏泄殖腔开口部一般无生殖突起，有残留生殖突起者，多呈萎缩状，突起柔软，无弹性，无光泽，手指压迫易变形。

初生雏鸡雌雄生殖突起差异见表 11 – 1。

表 11 –1　初生雏鸡雌雄生殖突起差异

生殖突起状态	公雏	母雏
体积大小	较大	较小
充实和鲜明程度	充实，轮廓鲜明	相反
周围组织陪衬程度	陪衬有力	无力，突起显示孤立
弹力	富弹力，受压迫不易变形	相反
光泽及紧张程度	表面紧张而有光泽	有柔软而透明之感，无光泽
血管发达程度	发达，受刺激易充血	相反

一、翻肛鉴别法

1. 操作方法

（1）抓雏、握雏

雏鸡的抓握方法一般有两种：一是夹握法，二是团握法（图 11 – 1），两种握法要求都要使用。

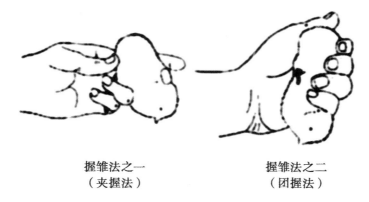

握雏法之一   握雏法之二
（夹握法）   （团握法）

图 11-1 雏鸡的抓握方法

（2）排粪、翻肛

在翻肛鉴别前，必须将胎粪排出，方法是用手指轻压雏鸡腹部，借助雏鸡呼吸将粪便挤入排粪缸中。

翻肛的手法较多，常用的有以下 3 种方法。

第一种方法：左手握雏，左拇指从前述排粪的位置移至肛门左侧，左食指弯曲于雏鸡背侧，与此同时右食指放在肛门右侧，右拇指侧放在雏鸡脐带处（图 11-2），右拇指沿直线往上顶推，右食指往下拉，往肛门处收拢，左拇指也往里收拢，3 个手指在肛门处形成一个小三角区，3 个手指凑拢一挤，肛门即翻开。

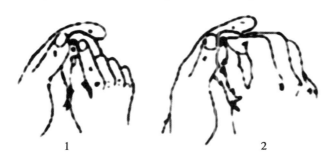

1   2

图 11-2 翻肛手法之一

第二种方法：左手握雏，左拇指置于肛门左侧，左食指自然伸开，同时，右中指置于肛门右侧，右食指置于肛门下端，然后右食指往上顶推，右中指往下拉，向肛门收拢，左拇指也向肛门处收拢，3 个手指在肛门处形成一个小三角区，由于 3 个手指凑拢，肛门即翻开（图 11-3）。

第三种方法：此法要求鉴别师右手的大拇指留有指甲。翻肛手法基本与翻肛手法之一相同（图 11-4）。

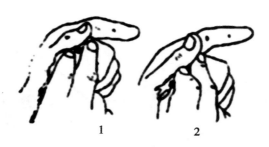

图 11 - 3 翻肛手法之二

图 11 - 4 翻肛手法之三

（3）鉴别、放雏

根据生殖突起的有无和形态的差别，便可判断雌雄。如果有粪便或渗出物排出，可用左拇指或右食指抹去，再进行观察。遇生殖突起一时难以分辨时，也可用左拇指或右食指触摸，观察其充血和弹性强度。表现充血和弹性较强的是雄雏。

2. 鉴别的要领

提高鉴别的准确性和速度，关键在于正确掌握翻肛手法和熟练而准确无误地分辨雌雄雏鸡的生殖突起。一般要求鉴别率在 96% 以上，速度要快，做到"三快、三个一次"："三快"是握雏翻肛手要快，辨别雌雄反应要快，辨别后放雏要快；"三个一次"是粪一次要排净，翻肛一次要翻好，辨认一次要看准。

3. 组织教学注意事项

①先用公雏练习翻肛手法，后用混合雏练习鉴定技术。考核时每名学生 5 只混合雏。

②四组学生所用灯具均用硬纸做成锥形的灯罩，使光线明亮而适中。

③每组学生选出一名组长，并负责雏鸡的练习数量和考核数量记录。

④所练习的公雏和混合雏可以重复使用，用于考核的混合雏都要进行解剖确认并给出学生成绩。

【技能考核标准】

序号	考核项目	评分标准		考核方法	考核分值	熟练程度
		分值	扣分依据			
1	雏鸡雌雄鉴别	80	握雏方法不正确扣20分，翻肛方法不正确扣20分，鉴别结果不正确扣40分	单人操作考核		基本掌握/熟练掌握
2	规范程度	20	操作不规范扣20分			基本掌握/熟练掌握

【复习与思考】

分析影响翻肛法鉴定率的原因。

实训十二　雏鸡的分级、剪冠与断趾

【实训目标】通过实训使学生掌握健雏和弱雏的区分、剪冠和断趾的操作技术。

【材料和用具】初生雏公鸡若干只、剪刀、断喙器、止血器具。

【实训时间】2 学时

【实训场所】孵化场

【内容和方法】

一、初生雏鸡的分级

1. 分级

主要根据雏鸡的活力、蛋黄吸收情况、脐带的愈合程度、胫和喙的色泽等进行鉴别分级。

健雏特征：适时出壳，孵化正常的情况下，健雏出壳时比较一致，比较集中，通常在孵化第 20 天到 20 天 6h 开始出雏，20 天 12h 达到高峰。满 21 天出雏结束。体重符合该品种标准。绒毛整齐清洁，富有光泽；蛋黄吸收良好，腹部平坦柔软；脐部没有出血痕迹，脐孔愈合良好、紧而干燥上有绒毛覆盖；活泼好动、两脚站立很稳，挣扎有力；叫声清脆，眼大而有神，喙和胫的色泽鲜浓（图 12 - 1）。

图 12 - 1　健康雏鸡

弱雏特征：过早或过迟出雏；体重太重或太轻；无活力，缩头闭目，站立不稳；腹大，脐带愈合不好，有残痕有血钉或血块，喙和胫色泽较淡。触摸瘦弱、松弛，挣扎无力。较弱的雏鸡单独装箱，对于腿、眼和喙有残疾的或畸形的以及脐部愈合不良过于软弱的雏鸡成活率低，且易感染疾病和传染疾病，应全部淘汰，不宜留作种用。

2. 计算健雏率

健雏率（%）＝（健雏数/出雏总数）×100

二、剪冠

1. 剪冠目的

雏鸡剪冠可以提高产蛋率4%，减少饲料消耗。防止鸡冠摇晃使鸡发生惊慌。减少鸡冠组织的营养消耗。剪冠能避免鸡互相斗架或发生啄癖时，鸡冠受伤流血过多而死；防止天气寒冷鸡冠冻伤；可以减少单冠鸡在采食、饮水时，与饲槽和饮水器上的栅格或笼门等网栅摩擦引起鸡冠损伤；剪冠也可以避免因冠大而影响视线；如对父系进行剪冠，可防止父系与母系混群；对冠大的母鸡也可以剪冠。

2. 剪冠时间

种用公雏最好在1日龄时进行剪冠，也可在雏鸡出壳后在孵化厂即行剪冠。若在出壳后数周方进行，常会发生严重流血。

3. 剪冠方法

方法简单，安全可行。剪冠最好用眼科剪刀，也可用弯剪或指甲剪，操作时剪刀翘面向上，从前向后紧贴头顶皮肤，在冠基部齐头剪去即可（图12-2）。

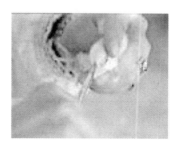

图12-2　雏鸡剪冠

三、断趾

1. 断趾目的

种鸡配种时，母鸡的背部会被公鸡的爪和距划伤，严重时造成母鸡死亡。为了防止这种现象出现，留种公雏应在 1 日或 6 ~ 9 日龄进行切趾、烙距。

2. 断趾方法

要将种公雏左、右脚的内侧脚趾和后面的脚趾，用断趾器或烙铁，把最末趾关节处也就是趾甲后断趾，并烧灼距部组织，使其不再生长。要防止因操作不当，公鸡成年后趾又长出来。

3. 断趾工具

（1）断趾器

断喙器可切去 1 日龄种公雏的趾端，但不如断趾器实用。断趾器由变压器和 2 根耐热金属丝构成。金属丝呈拱形，安装在断趾器二臂末端，两臂靠拢时金属丝即互相接触。将鸡趾置于 2 根加热金属丝之间，当金属丝合拢时，即可将趾端切除（图 12 - 3）。

图 12 - 3　雏鸡断趾

（2）电烙铁

没有断趾器，也可暂用 150W 电烙铁代替，操作时一人用竹夹或镊子将趾部固定，然后用电烙铁烙断。距部也烙一下，使距不再生长。必要时也可用剪刀剪趾，然后在断趾处涂上碘酒。

【技能考核标准】

序号	考核项目	评分标准		考核方法	考核分值	熟练程度
		分值	扣分依据			
1	分级	20	雏鸡分级不准确扣 10 分，健雏率计算不准确扣 10 分	小组合作操作与单人操作相结合		基本掌握/熟练掌握
2	剪冠	30	操作不当造成鸡只死亡扣 15 分，剪冠不彻底扣 15 分			基本掌握/熟练掌握
3	断趾	30	断趾器使用不当扣 15 分，断趾效果不良扣 15 分			基本掌握/熟练掌握
4	规范程度	20	操作不规范、混乱扣 10 分，小组合作不协调扣 10 分			基本掌握/熟练掌握

【复习与思考】

写出剪冠、断趾的实习总结报告。

实训十三　家禽体重与均匀度测定

【实训目标】通过本次实训使学生掌握鸡群称重方法和体重均匀度计算方法。

【材料和用具】育成鸡群（≥500 只）、鸡的标准体重数据、家禽秤和计算器。

【实训时间】2 学时，鸡群称重 1 学时，体重均匀度测定与分析 1 学时。

【实训场所】实训基地场

【内容和方法】

鸡群育成的体重管理是结合体重和均匀度的原则，在第 4 周周末进行第一次抽样称重。之后，每 1 周或每 2 周都对鸡群的 5%～10% 进行随机抽样称重。计算平均体重与该品种标准体重进行对比，过轻或过重都需要调整饲养方式，矫正体重。同时计算鸡群体重均匀度，均匀度大于 80% 的鸡群说明体重均匀，小于 80% 的鸡群需要调整喂养措施，使之达到 80% 以上（表 13－1）。对鸡群体重达到标准和均匀度高对产蛋性能有着至关重要的意义。

一、抽样

抽样鸡只数占全群鸡只总数的 5%～10%，样本数不少于 50 只。即所抽鸡只数 = 总数 ×（5%～10%），然后逐只称重，并作好个体记录。

二、计算抽样鸡的平均体重

将抽样鸡的体重累计求和，除以抽样只数即得平均体重，并与鸡品种的标准体重进行比较。

三、计算均匀度

均匀度（%）= 进入平均体重 ±10% 范围内的鸡只数（只）／ 称重鸡只总数（只）。

四、结论及建议

并根据结果分析该鸡群的均匀度并对该鸡群下一阶段的饲养管理提出合理建议。

表 13 – 1　育成鸡体重记录表

品种：　　　　　　　　日龄（d）

性别	平均体重	均匀度	个体体重记录（g）				

【技能考核标准】

序号	考核项目	评分标准		考核方法	考核分值	熟练程度
		分值	扣分依据			
1	抽样	20	抽样方法不科学扣 10 分，抽样数量不足扣 5 分			基本掌握/熟练掌握
2	称重	20	称重不准确扣 10 分，称重记录不完整扣 5 分			基本掌握/熟练掌握
3	平均体重计算	10	计算不准确扣 10 分			基本掌握/熟练掌握
4	均匀度计算	20	不会计算扣 20 分，体重范围计算不正确扣 5 分，鸡只数统计不正确扣 5 分，计算结果不正确扣 5 分	单人操作考核		基本掌握/熟练掌握
5	结果分析	20	对结果做不出结论评价扣 10 分，提不出下一步饲养管理建议扣 10 分			基本掌握/熟练掌握
6	规范程度	10	操作不规范、混乱各扣 5 分			基本掌握/熟练掌握

【复习与思考】

1. 造成均匀度差的原因有哪些？

2. 如何提高鸡群均匀度？

3. 鸡群体重不达标应采取的措施？

实训十四　产蛋曲线绘制与分析

【实训目标】掌握绘制产蛋曲线的方法，并根据产蛋曲线分析产蛋鸡的生产性能。
【材料和用具】鸡场各周产蛋记录、本品种产蛋性能指标、坐标纸、绘图工具。
【实训时间】2 学时
【实训场所】实训基地蛋鸡场
【内容和方法】

一、绘制标准曲线

在坐标纸上将该品种的产蛋率指标及其所对应的周龄（表 14 - 1）连成曲线，即成标准曲线。

表 14 - 1　该品种蛋鸡的标准产蛋率

周龄	20	23	25	28	30	33	35	40	45	50	55	60	65	70	75
产蛋率（%）	5	30	47	73	90	92	90	87	84	81	78	75	72	69	66

二、绘制产蛋曲线

在同一坐标纸上将某鸡场产蛋率及所对应周龄（表 14 - 2）联成曲线，即为该鸡群的实际产蛋曲线。

表 14 - 2　该蛋鸡场实际产蛋情况

周龄	20	23	25	28	30	33	35	40
日产蛋总数	90	492	839	1 358	1 691	1 590	1 489	1 360
日饲养母鸡数	2 000	1 998	1 998	1 998	1 997	1 997	1 997	1 996
产蛋率（%）								
周龄	45	50	55	60	65	70	75	
日产蛋总数	1 477	1 452	1 395	1 290	1 196	1 090	995	
日饲养母鸡数	1 996	1 996	1 994	1 994	1 992	1 992	1 990	
产蛋率（%）								

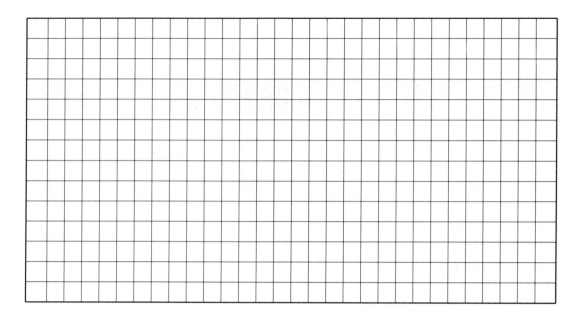

三、对比分析

将两条曲线进行对比分析，分析产蛋率变化规律及判断该场鸡群产蛋是否正常。

四、结论及建议

将两条曲线进行比较、分析，观察该鸡场实际产蛋性能水平、查找原因，分析各阶段的饲养管理状况，技术总结。

【技能考核标准】

序号	考核项目	评分标准		考核方法	考核分值	熟练程度
		分值	扣分依据			
1	标准曲线绘制	20	绘制数据及坐标不准确扣10分			基本掌握/熟练掌握
2	实际产蛋曲线绘制	20	绘制数据及坐标不准确扣10分			基本掌握/熟练掌握
3	产蛋规律分析	30	不能分析和阐述产蛋曲线的3个规律，每缺一个扣10分	单人操作考核		基本掌握/熟练掌握
4	结论及建议	20	对本批产蛋鸡提不出结论扣10分，提不出下一步饲养管理建议扣10分			基本掌握/熟练掌握
5	规范程度	10	操作不规范、混乱各扣5分			基本掌握/熟练掌握

【复习与思考】

1. 产蛋曲线的变化有哪些规律？

2. 造成产蛋异常的常见原因有哪些？

3. 不同产蛋阶段应提前做好哪些工作？

模块三

综合统筹技能

实训十五　蛋鸡光照方案的制定

【实训目标】通过实训，使学生能够根据蛋鸡的光照原则、当地自然光照规律，制定出雏日期不同的蛋鸡光照方案。

【材料和用具】我国不同纬度地区日照时间表（表 15－1）、计算器。

表 15－1　我国不同纬度地区日照时间表

月／日＼纬度（°N）	10	20	30	35	40	45	50
1 月 15 日	11h24m	11h00m	10h15m	10h04m	9h28m	9h08m	8h20m
2 月 15 日	11h40m	11h34m	11h04m	10h56m	10h36m	10h26m	10h00m
3 月 15 日	12h04m	12h02m	11h56m	11h56m	11h54m	11h52m	12h00m
4 月 15 日	12h26m	12h32m	12h58m	13h04m	13h20m	12h28m	14h00m
5 月 15 日	12h48m	12h56m	13h50m	14h02m	14h34m	14h50m	15h46m
6 月 15 日	13h02m	13h14m	14h16m	14h30m	15h14m	15h36m	16h56m
7 月 15 日	12h54m	13h08m	14h04m	14h20m	14h58m	15h16m	16h26m
8 月 15 日	12h26m	12h44m	13h20m	13h30m	13h52m	14h06m	14h40m
9 月 15 日	12h16m	12h15m	12h24m	12h26m	12h30m	12h34m	12h40m
10 月 15 日	11h48m	11h30m	11h26m	11h18m	11h06m	11h02m	10h40m
11 月 15 日	11h28m	11h15m	10h30m	10h20m	9h50m	9h34m	8h45m
12 月 15 日	11h18m	11h04m	10h02m	9h48m	9h09m	8h46m	6h40m

【实训时间】2 学时，教师讲解 1 学时，学生操练 1 学时。

【实训场所】多媒体实训室

【内容和方法】

一、密闭式鸡舍的光照方案

如果育雏育成期和产蛋期都饲养在密闭式鸡舍中，根据蛋用鸡不同的养育阶段光照原则制定光照方案（表15-2）。

表15-2 密闭式鸡舍光照方案

周龄	1~3d	4d~18周	19	20	21	22	23	24	25	26	27	28	29	30
光照时间（h）	23	8	9	10	11	12	12.5	13	13.5	14	14.5	15	15.5	16
光照强度（lx）	20	5~10						10						
灯泡瓦数（W）	40~60	15						40~60						

如果育雏育成期饲养在密闭式舍，到产蛋期转到开放式舍，要考虑转群时当地日照时间，然后根据此日照时间决定育雏育成期光照，如果转群时当地日照时间在10h以内，则可用此光照时间作为恒定光照时间，基本与全期饲养在密闭式鸡舍光照程序相同。如果转群时当地日照时间在10h以上，则应采用渐减法（同开放式舍）（图15-1）。

图15-1 密闭式蛋鸡舍人工光照

二、开放式鸡舍的光照方案

根据出雏日期不同有 2 种光照方案。

1. 育雏育成期自然光照方案

如果育雏育成期的日照时间逐日减少时，即可利用自然光照。我国一般在 4 月上旬至 9 月上旬期间出雏的鸡，在育成期恰好日照时间逐渐减少。性成熟后可逐渐增加光照时间，到产蛋高峰期达到 16h，以后维持不变。如 35°N 地区，9 月 1 日出雏的鸡，经查表制定的光照方案见表 15－3。

表 15－3　育雏育成期自然光照产蛋期补充光照方案

周龄	1～3d	4d～18周	19	20	21	22	23	24	25	26	27	28	29	30
光照时间（h）	23	自然光照	10	11	12	12.5	13	13.5	14	14.5	15	15.5	16	16
光照强度（lx）	20						10							
灯泡瓦数（W）	40～60						40～60							

2. 育雏育成期控制光照方案

如果育雏育成期的日照时间逐日增加时，育成期就要控制光照。我国一般在 9 月中旬到第二年 4 月下旬期间出雏的鸡，在育成期恰好日照时间逐日增加。控制的方法有两种。

①恒定法。查出育成期当地自然光照最长一天的光照时数，自 4 日龄起即给予这一光照时数，并保持不变至自然光照最长一天时止。以后自然光照至性成熟，产蛋期再增加人工光照。如：35°N 地区，3 月 31 日出雏的鸡，查表该批鸡育成期为：3 月 31 日至 8 月 18 日，此期间最长日照时数在 6 月 15 日为 14h30min，为该批鸡 11 周龄，制定的光照方案见表 15－4。

表 15－4　育雏育成期控制光照产蛋期补充光照方案（恒定法）

周龄	1～3d	4d～11周	12～18周	19	20	21	22	23周以后
光照时间（h）	23	14.5	自然光照	14	14.5	15	15.5	16
光照强度（lx）	20	10	自然光照			10		
灯泡瓦数（W）	40～60	25	自然光照			40～60		

②渐减法。查出 20 周龄时的当地日照时数将此数加 7h 作为 4 日龄光照时数，然后每周减少光照时数 20min，到 20 周龄时恰好为当地日照时间，仍如上例，该批鸡 20 周龄时的当地日照时数为 13h20min，制定光照方案见表 15 - 5。

表 15 - 5　育雏育成期控制光照产蛋期补充光照方案（渐减法）

周龄	1~3d	4~19 周	20	21	22	23	24	25	26 周以后
光照时间（h）	23	20h~13h40m	13h20m	13.5	14	14.5	15	15.5	16
光照强度（lx）	20	10	10						
灯泡瓦数（W）	40~60	40~25	40~60						

【技能考核标准】

序号	考核项目	评分标准		考核方法	考核分值	熟练程度
		分值	扣分依据			
1	光照方案的考虑因素	40	当地自然光照规律把握不准确扣 20 分，鸡舍种类区分不明确扣 20 分			基本掌握/熟练掌握
2	制定光照方案	40	光照方案不科学扣 20 分，不同出雏日期的光照方案区分不科学扣 20 分	单人操作考核		基本掌握/熟练掌握
3	规范程度	20	制定不科学、根据不充分各扣 10 分			基本掌握/熟练掌握

【复习与思考】

根据本地区日照时数，分别制定出密闭式鸡舍和开放式鸡舍（3、6、9、12）月初育雏的蛋用鸡育雏育成期及产蛋期的光照方案。

实训十六　肉用仔鸭的填肥技术

【实训目标】通过实训使学生掌握肉用仔鸭的填肥技术。
【材料和用具】鸭子数只、饲料、填喂机、塑料水桶等。
【实训时间】2 学时
【实训场所】实训基地肉鸭养殖场
【内容和方法】

一、填喂步骤

1. 人工填喂

填喂前，先将填料用水调成干糊状，用手搓成长约 5cm，粗约 1.5cm，重 25g 的剂子。填喂时，填喂人员用腿夹住鸭体两翅以下部分，左手抓住鸭的头，大拇指和食指将鸭嘴上下喙撑开，中指压住舌的前端，右手拿剂子，用水蘸一下送入鸭子的食道，并用手由上向下滑挤，使剂子进入食道的膨大部，每天填 3~4 次，每次填 4~5 个剂子，以后则逐步增多，后期每次可填 8~10 个剂子。

2. 机器填喂

也可采用填料机填喂（图 16-1），填喂前 3~4h 将填料用清水拌成半流体浆状，水与料的比例为 6∶4，使饲料软化，但夏天要防止饲料发霉变质。一般每天填喂 4 次，每次填湿料为：第 1 天填 150~160g，第 2~3 天填 175g，第 4~5 天填 200g，第 6~7 天填 225g，第 8~9 天填 275g，第 10~11 天填 325g，第 12~13 天填 400g，第 14 天填 450g，如果鸭的食欲好则可多填，应根据情况灵活掌握。填喂时把浆状的饲料装入填料机的料桶中，填喂员左手提鸭，以掌心抵住鸭的后脑，用拇指和食指撑开鸭的上下喙，中指压住鸭舌的前端，右手轻握食道的膨大部，将鸭嘴送向填食的胶管，并将胶管送入鸭的咽下部，使胶管与鸭体在同一条直线上，这样才不会损伤食道。插好管子后，用左脚踏离合器，机器自动将饲料压进食道，料填好后，放松开关，将胶管从鸭喙里退出。填喂时鸭体要平，开嘴要快，压舌要准，插管适宜，进食要慢，撒鸭要快。填食虽定时定量，但也要按填喂后的消化情况而定。并注意观察，一般在填食前 1h 填鸭的食道膨大部出现凹沟为消化正常。早于填食前 1h 出现，表明填食过少。

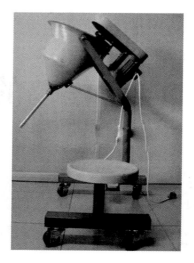

图16-1 鸭、鹅填肥机

二、填肥期的管理

填喂时动作要轻,每次填喂后适当放水活动,清洁鸭体,帮助消化,促进羽毛的生长;每隔2~3h左右赶鸭子走动1次,以利于消化,但不能粗暴驱赶;舍内和运动场的地面要平整,防止鸭跌倒受伤;舍内保持干燥,夏天要注意防暑降温,在运动场院搭设凉棚遮阳,每天供给清洁的饮水;白天少填晚上多填,可让鸭在运动场上露宿;鸭群的密度为前期每平方米2.5~3只,后期每平方米2~2.5只;始终保持鸭舍环境安静,减少应激,闲人不得入内;一般经过2周左右填肥,体重在2.5kg以上便可出售上市。

【技能考核标准】

序号	考核项目	评分标准		考核方法	考核分值	熟练程度
		分值	扣分依据			
1	材料准备	10	试验对象缺失或挑选不合理扣4分,填肥饲料、填肥用具等缺失一个扣3分			基本掌握/熟练掌握
2	人工填喂	30	填喂材料制作不规范扣5分,抓鸭、保定鸭不规范各扣5分,填喂操作不正确扣15分			基本掌握/熟练掌握
3	机器填喂	30	填喂材料制作不规范扣5分,抓鸭、保定鸭不规范各扣5分,填喂操作不正确扣15分	单人操作考核		基本掌握/熟练掌握
4	填喂数量	20	填喂次数、间隔不合理各扣4分,填肥期间填喂的饲料量控制不合理扣12分			基本掌握/熟练掌握
5	规范程度	10	操作不规范、混乱各扣5分			基本掌握/熟练掌握

【复习与思考】

1. 请分析肉鸭填肥技术的应用情况。
2. 肉鸭填肥技术的操作方法与步骤。
3. 肉鸭填肥技术的注意事项。

实训十七　消毒技术

【实训目标】养鸡场实行消毒，是预防和控制传染病发生、传播和蔓延的有效方法。通过本实训，使学生了解养禽场常用的消毒方法和消毒药物，针对不同的消毒对象会选择适宜的消毒方法，并能正确实施消毒操作，能对消毒效果进行检测。

【材料和用具】鸡舍、高压清洗剂、工作服、橡胶长靴、喷雾消毒器、量筒、卷尺，报纸、胶带、天平（台秤）、量杯、消毒药品（氢氧化钠、来苏尔、高锰酸钾、福尔马林等）。

【实训时间】2 学时

【实训场所】实训基地养禽场

【内容和方法】

一、禽舍喷洒消毒

①将拟上市的鸡群全部从禽舍中运出，不能留下任何一只。

②将饲槽中的饲料全部腾空，不能留下剩余的饲料。

③尽可能搬出全部饲养设备，包括饮水器和禽舍的其他设备，并用水浸泡。

④清扫禽舍墙壁，天花板桁条、灯泡、风扇、机器护罩和楼梯等的灰尘和皮屑。

⑤使用高压喷雾器浸湿除去任何残留的灰尘，喷雾浸湿既节省时间、能源和用水量，又提高了清洁的效率。

⑥清除肥料和垫料，运到远离禽舍的地方。

⑦焚烧全部死鸡。

⑧清扫和铲除灰尘、多余的垫料或有机物碎屑。

⑨使用高压喷雾器喷洒去污剂，以适当的浓度用喷雾器喷洒禽舍内部表面。

⑩计算消毒液用量：测量鸡舍长、宽、高以计算消毒面积，根据面积计算消毒液用量，消毒液的用量一般以 1 000ml/m² 计算。

⑪配制消毒液。

⑫实施消毒。消毒时先由远门处开始，对天花板、墙壁、笼具、地面按顺序均匀喷洒，后至门口。消毒物体的表面要全部喷湿而不积水。喷洒完毕后，关闭门窗处理 6 ~ 12h，再打开门窗通风，用清水洗刷笼具、饲槽和水槽等，将消毒药味除去。

二、禽舍熏蒸消毒

熏蒸消毒主要是采用福尔马林与高锰酸钾反应，产生甲醛气体，使甲醛气体弥漫禽舍整个空间，经一定时间后杀死病原微生物。熏蒸消毒最大优点是熏蒸药物能均匀地分布到禽舍的各个角落，从而达到全面彻底消毒的目的。

①密闭禽舍。甲醛气体含量越高，消毒效果越好。在禽舍熏蒸消毒之前，一定要检查禽舍的密闭性。如果有缝隙，应用塑料布、报纸或胶带等封严，以防漏气，影响消毒效果。

②根据禽舍空间，按福尔马林 $28ml/m^3$、高锰酸钾 $14g/m^3$、水 $14ml/m^3$ 的标准计算用量。

③采用福尔马林与高锰酸钾反应进行禽舍熏蒸消毒，一般舍温不应低于18℃，相对湿度以 60% ~ 80% 为好，不能低于60%。当舍温在26℃，相对湿度在80%以上时，熏蒸消毒效果最好。

④实施消毒。先将福尔马林溶液放入器皿中，并加水稀释，然后将称好的高锰酸钾用纸兜好放入器皿液面上，人迅速离开禽舍，将门关闭。此时，混合液自动沸腾，经几秒钟即见有浅蓝色刺激眼鼻的气体蒸发出来，经过 12 ~ 24h 后，将门窗打开通风。操作时绝不能将高锰酸钾直接倒入福尔马林溶液中，以防药液沸腾时溢出烧伤人体。操作人员要避免甲醛与皮肤接触。

三、消毒质量检查

1. 消毒药剂选择正确性检查

了解消毒工作的记录，消毒药物的种类、浓度、温度及其用量。必要时可从未用完的消毒液中取样进行消毒药浓度、杀菌力等方面的检验。

可用碘淀粉法对含氯制剂进行消毒效果检查。取玻瓶 2 个，一瓶装入6%碘化钾和等量的4%淀粉糊的混合液，另一瓶装入3%的次亚硫酸盐溶液。检查时，用棉签蘸取混合液后在消毒过的物体表面涂擦。若消毒面含有游离氯，则棉签和消毒面均出现蓝棕色现象，着色的程度取决于游离氯的含量。将染上颜色的棉签浸入3%次亚硫酸盐溶液中，再涂擦原消毒面，则蓝棕色均消失。此法可在消毒后 2 昼夜内进行。

2. 消毒后的细菌学检查

消毒后，在地面、墙壁、饲槽等处划出 $10cm \times 10cm$ 的正方形数块，将每个正方形分别用灭菌湿棉签擦拭 1 ~ 2min，将棉签置中和剂（30ml）中，反复挤压数次，再放入中和剂内浸泡 5 ~ 10min，用无菌镊子将棉签拧干，再放入灭菌水（30ml）中，将棉签充分洗涤，用无菌吸管取此洗涤液 0.3ml 接种于麦康凯培养基表面，均匀涂布，37℃培养 24 ~ 48h，观察结果。在所取的样品中无肠道杆菌生长，证明消毒质量良好，有肠道杆菌生长，则说明消毒质量不良。

在本实训中，不同的消毒剂应选用不同的中和剂，如碱性消毒剂用0.01%醋酸中和，福尔马林用1%~2%氢氧化铵中和，含氯消毒剂用次亚硫酸盐溶液中和。用酚类和其他消毒剂时，没有适当的中和剂，而是在灭菌水中洗涤2次，时间均为5~10min。

【技能考核标准】

序号	考核项目	评分标准		考核方法	考核分值	熟练程度
		分值	扣分依据			
1	材料准备	10	禽舍密封及准备不合格扣5分，喷洒消毒、熏蒸消毒等用具缺失一个扣2分			基本掌握/熟练掌握
2	禽舍喷洒消毒	30	清扫不认真、不彻底扣10分，冲洗和刮除不认真、不干净扣10分，火碱水配制不正确扣10分	单人操作考核		基本掌握/熟练掌握
3	禽舍熏蒸消毒	30	禽舍空间容积计算不正确扣5分，福尔马林和高锰酸钾计量不准确各扣5分，禽舍密封不符合要求扣5分，具体操作不安全扣10分			基本掌握/熟练掌握
4	消毒质量检查	20	操作不正确各扣5分，不会正确判断消毒效果各扣5分			基本掌握/熟练掌握
5	规范程度	10	操作不规范、混乱各扣5分			基本掌握/熟练掌握

【复习与思考】

1. 试述消毒的种类和意义。
2. 禽舍喷洒消毒和熏蒸消毒的程序和方法。
3. 消毒效果的检查方法。

实训十八　家禽免疫技术

【实训目标】通过实训，使学生了解家禽生产中的常用疫苗，熟悉疫苗的保存和运送方法，学会用肉眼鉴别疫苗质量，掌握疫苗稀释方法，掌握各种疫苗接种的方法与步骤。

【材料和用具】新城疫弱毒冻干苗、马立克氏病疫苗、传染性法氏囊疫苗、鸡痘疫苗、新城疫油乳剂灭活苗、稀释液（专用稀释液、蒸馏水、生理盐水或冷开水）、连续注射器、玻璃注射器、针头、胶头滴管、刺种针或蘸水笔、消毒盒（煮沸消毒锅）、脱脂奶粉、喷雾器、水桶、雏鸡、育成鸡。

【实训时间】2 学时

【实训场所】实训基地场

【内容和方法】

一、疫苗的保存、运送和用前检查

1. 疫苗的保存

弱毒苗保存于冰箱冷冻室（0℃以下）冻结保存，灭活苗保存于冰箱冷藏室。购进的疫苗应尽快使用。距使用时间较短者（1～2 天）置于 2～15℃阴暗、干燥的环境，如地窖、冰箱冷藏室；量少者也可保存于盛有冰块的疫苗冷藏箱或广口冷藏瓶中。

2. 疫苗的运送

大量运输时使用冷藏车，少量时装入盛有冰块的疫苗箱内运送。对灭活苗在寒冷季节要防止冻结。运输前须妥善包装，防止碰破流失。运输途中避免高温和日光直射，应在低温条件下运送。

3. 疫苗用前检查

免疫接种前，要对使用的疫苗进行仔细检查。瓶签上的说明（名称、批号、用法、用量、有效期）必须清楚，瓶子与瓶塞无裂缝破损，瓶内的色泽性状正常，无杂质异物，无霉菌生长，否则不得使用。经过检查，确实不能使用的疫苗，应立即废弃，不能与可用的疫苗混放在一起。废弃的弱毒疫苗应煮沸消毒或予以深埋。

二、疫苗的稀释方法

稀释疫苗之前应对使用的疫苗逐瓶检查，尤其是名称、有效期、剂量、封口是否严密、是否破损和受潮等。对需要特殊稀释的疫苗，应用指定的稀释液。而其他的疫苗一般可用生理盐水或蒸馏水稀释。稀释液应是清凉的，这在天气炎热时尤应注意。稀释液的用量在计算和称量时均应细心和准确。稀释过程应避光、避风尘和无菌操作，尤其是注射用的疫苗应严格无菌操作。稀释过程中一般应分级进行，对疫苗瓶一般应用稀释液冲洗 2～3 次。稀释好的疫苗应尽快用完，尚未使用的疫苗也应放在冰箱或冰水桶中冷藏。对于液氮保存的马立克氏病疫苗的稀释，更应小心，严格按生产厂家操作程序进行操作。

三、免疫接种的方法

1. 点眼与滴鼻法

此法主要用于新城疫弱毒冻干苗的接种。

每羽份按 0.03～0.05ml 计算稀释液用量。

应先对滴鼻、点眼的滴管进行计量校正，以保证免疫剂量。操作时一手握鸡，并用食指堵住下侧鼻孔，另一只手用滴管吸取疫苗滴入上侧鼻孔或眼睑内，待鸡将疫苗吸入后，方可放鸡。

2. 皮肤刺种法

主要用于鸡痘活疫苗的接种。

一般按每 500 羽份疫苗加 8～10ml 疫苗稀释液溶解。

展开鸡的翅膀内侧，暴露三角区皮肤，避开血管，用鸡痘专用刺种针或蘸水笔尖蘸取稀释好的疫苗，在鸡翅膀内侧无血管处皮下刺种。6～30 日龄雏鸡每羽刺 1 针，30 日龄以上鸡每羽刺 2 针。每刺 1 针都要蘸取 1 次疫苗。

刺种效果评价：刺种后 5～7 天左右，如果刺种部位出现轻微红肿、水泡或结痂，表示接种成功，否则，表示失败，应及时补种。

3. 注射法

常采用肌肉注射和皮下注射法。

肌肉注射：主要用于鸡新城疫中等毒力活疫苗（Ⅰ系）或灭活疫苗的接种。可选择胸肌发达部位和外侧腿肌注射，胸肌注射时应斜向前入针，防止刺入胸、腹腔引起死亡。生产中尽量避免在腿部肌肉注射，操作不当会损伤腿部的血管和神经，造成腿部肿胀和瘸腿。

皮下注射：主要用于鸡马立克氏病疫苗的接种。常选择颈背部皮下注射，此处自由活动区域大，注入疫苗后不影响头部的正常活动，而且疫苗吸收均匀。操作时，用左手食指和拇指捏起颈背侧下 1/3 至上 2/3 交界处皮肤，右手持针头由两指间进针，针头方向由头部向背部方向，与颈椎基本平行，雏鸡插入深度为 0.5～1cm，成鸡为 1～2cm。

4. 饮水免疫法

主要用于传染性法氏囊活疫苗的免疫。

饮水免疫时，应按鸡只数量和饮水量准确计算需用的疫苗剂量和稀释疫苗的用水量，疫苗用量一般加倍，用水量掌握在 2h 内能饮完，一般 20～30 日龄 15～20ml，成鸡 30～40ml；免疫前饮水器要清洗干净，无消毒剂残留，数量要充足，保证 2/3 以上的鸡能同时饮到水；免疫前应停水 2～4h（视气温情况）；应当用冷开水稀释疫苗，饮水中加入 0.2% 脱脂奶粉或脱脂鲜奶，保护疫苗毒株，提高免疫效果；疫苗一经开瓶稀释，应迅速饮喂；免疫前后 24h 内不得饮用高锰酸钾水或其他含有消毒剂的饮用水，水中不含氯离子、金属离子等；禁用金属饮水器。

5. 气雾免疫法

适合于 60 日龄以上的鸡。

雾滴大小：8 周龄以内小鸡，控制雾滴直径在 80～100μm 以上；8 周龄以上鸡，雾滴大小以 30～40μm 为宜。

稀释液用量：每 1 000 羽份疫苗，1 周龄鸡需要稀释液 200～300ml，2～4 周龄鸡 400～500ml，5～10 周龄鸡 800～1 000ml，10 周龄以上鸡 1 500～2 000ml。

疫苗用量一般加倍或增加 1/3 的剂量。每 1 000 羽份疫苗加蒸馏水或冷开水 250ml 稀释（最好加入 0.15% 的脱脂奶粉），喷雾时气雾粒径以 30～50μm 为好，喷雾 5～10min。气雾免疫时关闭鸡舍门窗，关闭风机，停止舍内外气体交换。喷雾枪距离鸡头上方约 50cm 左右平行喷雾，不应直接喷向鸡体。疫苗喷完后，应停留 20～30min 方可开门窗通风换气。应避免直射阳光而影响疫苗活性。一般宜安排在早晨或夜间免疫，操作人员应注意自身防护。鸡有呼吸道疾病时不宜采用喷雾免疫。

四、免疫接种的组织及注意事项

免疫接种前要检查鸡群健康状况，对患病鸡和可疑感染鸡，暂不免疫接种，待康复后再根据实际情况决定补免时间。

接种疫苗后，应加强护理和观察，如发现严重反应甚至死亡，要及时查找原因，了解疫苗情况和使用方法。蛋禽或种禽开产后一般不宜再接种疫苗。注射器、针头、镊子等，经严格的消毒处理后备用。注射时每只家禽应使用一个针头。稀释好的疫苗瓶上应固定一个消毒过的针头，上盖消毒棉球。疫苗应随配随用，并在规定的时间内用完。一般气温 15～25℃，6h 内用完；25℃ 以上，4h 内用完；马立克氏疫苗应在 2h 内用完，过期不可使用。针筒排气溢出的疫苗，应吸附于酒精棉球上，用过的酒精棉球和吸入注射器内未用完的疫苗应集中销毁。稀释后的空疫苗瓶深埋或消毒后废弃。

【技能考核标准】

序号	考核项目	评分标准		考核方法	考核分值	熟练程度
		分值	扣分依据			
1	材料准备	10	试验对象缺失或挑选不合理扣4分，免疫接种用具和材料等缺失扣3分/个			基本掌握/熟练掌握
2	疫苗的保存、运送和用前检查	10	疫苗的保存、运送条件不适宜扣5分，疫苗的外观质量检验不正确扣5分			基本掌握/熟练掌握
3	疫苗的稀释方法	10	疫苗稀释方法不正确，扣4分，疫苗稀释剂量不准确，扣4分			基本掌握/熟练掌握
4	免疫接种的方法	50	点眼滴鼻、刺种、注射接种部位不准确扣5分/只，疫苗没有充分吸收扣5分/只 饮水免疫前饮水器清洗不干净、没有足够停水时间扣5分，免疫时没有保证2/3以上鸡只同时饮水扣5分 气雾免疫雾滴大小不合适、高度不合适各扣5分	单人操作考核		基本掌握/熟练掌握
5	免疫接种的组织及注意事项	10	免疫接种前后组织事项不知道、不清楚扣5分			基本掌握/熟练掌握
6	规范程度	10	操作不规范、混乱各扣5分			基本掌握/熟练掌握

【复习与思考】

1. 怎样保存和运输疫苗？
2. 疫苗质量如何判断？
3. 如何正确稀释疫苗？
4. 各种活苗的免疫方法、操作步骤和注意事项。

附表　鸡免疫接种程序表（参考）

龄期	接种的疫苗	接种途径	备注
1 日龄	①马立克氏病疫苗（CV-988 或 HVT）	皮下或肌肉注射	
	②新城疫（4 系或克隆 30）＋传支（H120 等）二联弱毒疫苗	滴眼鼻或气雾	
	③鸡痘	皮肤刺种	

（续表）

龄期	接种的疫苗	接种途径	备注
8~20日龄	传染性法氏囊病弱毒疫苗	饮水或滴入口中	根据母源抗体高低决定接种时间
10~15日龄	①新城疫（4 系或克隆 30）＋传支（H120 等）二联弱毒疫苗	滴眼鼻或气雾	
	②新城疫＋禽流感（H9＋H5 亚型）灭活疫苗	皮下或肌肉注射	半羽份剂量
12~14日龄	病毒性关节炎弱毒疫苗	肌肉注射	
20~25日龄	新城疫（4 系或克隆 30）弱毒疫苗	滴眼鼻或气雾	
26~30日龄	传染性喉气管炎弱毒疫苗	点眼	
7 周龄	传染性鼻炎弱毒疫苗	肌肉注射	
8 周龄	①新城疫（4 系或克隆 30）＋传支（H52 等）二联弱毒疫苗	滴眼鼻或气雾	
	②新城疫＋禽流感（H9＋H5 亚型）灭活疫苗	皮下或肌肉注射	
12~14周龄	①传染性喉气管炎弱毒疫苗	点眼	
	②病毒性关节炎弱毒疫苗	肌肉注射	
16 周龄	①新城疫（4 系或克隆 30）弱毒疫苗	滴眼鼻或气雾	需要时可安排鸡毒支原体或禽出败灭活疫苗
	②传染性脑脊髓炎弱毒疫苗（蛋鸡不接种）	饮水	
20~21周龄	病毒性关节炎、传染性脑脊髓炎、传染性鼻炎、传染性支气管炎灭活疫苗	皮下或肌肉注射	根据需要选择一种或几种疫苗联合使用
22~23周龄	①新城疫（4 系或克隆 30）弱毒疫苗	滴眼鼻或气雾	蛋鸡不接种传染性囊病疫苗
	②新城疫＋传染性囊病＋减蛋综合征灭活疫苗	皮下或肌肉注射	
	③新城疫＋禽流感（H9＋H5 亚型）灭活疫苗	皮下或肌肉注射	
30 周龄	新城疫（4 系或克隆 30）弱毒疫苗	滴眼鼻或气雾	
38 周龄	新城疫（4 系或克隆 31）弱毒疫苗	滴眼鼻或气雾	
44~46周龄	①新城疫（4 系或克隆 30）弱毒疫苗	气雾	蛋鸡不接种传染性法氏囊病疫苗

（续表）

龄期	接种的疫苗	接种途径	备注
	②新城疫＋传染性囊病灭活疫苗	皮下或肌肉注射	
	③禽流感（H9＋H5 亚型）灭活疫苗	皮下或肌肉注射	
50～55 周龄	新城疫（4 系或克隆 30）弱毒疫苗	气雾	

实训十九　鸡场年度生产计划编制

【**实训目标**】掌握养鸡场年度生产计划的编制方法。

【**材料和用具**】计算器、鸡群基本情况统计表。

【**实训时间**】2 学时

【**实训场所**】多媒体实训室

【**内容和方法**】

养鸡场年度生产计划一般包括有下列内容：

养鸡场总生产任务、育雏计划、鸡群周转计划、饲料计划、产品计划、物质供应计划、基建维修计划、劳动工资计划、财务成本和利润计划、防疫卫生计划。

以商品蛋鸡场为例，分别说明前三项计划编制的方法。

一、制定总生产任务

根据本场的生产任务和指标，结合本场现有的和下一年可能有的人力物力等具体条件，确定鸡群的规模和产蛋任务等。

某商品蛋鸡场的主要生产任务是全年平均饲养蛋鸡 1 万只，平均每只鸡年产蛋 220 个，该场上一年度末和计划本年度末产蛋母鸡存栏数均为 10 100 只。

计划生产指标：新母鸡（150 日龄）育成率 90%，开产日龄 150 天，一年利用制即母鸡产蛋一整年后淘汰。产蛋母鸡每月死亡淘汰率为 1%。

二、制定育雏、育成计划

根据年度生产任务的要求，应育成新母鸡 10 600 只，所需初生雏（鉴别雏）为 10 600/95%/90% = 12 397.66（只）。育雏开始日期 2 月底，新母鸡育成日期 7 月底。

三、编制鸡群周转计划

根据生产任务和指标如育雏数、成活率、母鸡死亡淘汰率等资料，按以下步骤编制出鸡群周转计划（表 19－1）。

①将上一生产年度末产蛋母鸡只数填入周转表的上年末存栏数内。

②分别统计计划年度内各月末各类鸡群的变动情况。

③将统计出的各类鸡群只数分别填写于鸡群周转表的各项之内，并检查有无遗漏和错误。

④审查周转表中鸡群成活只数、淘汰只数及年末存栏只数是否完成计划任务。如未完成，应重新调整育雏计划的，使之相符。具体计划如表19-1。

表 19-1 某鸡场周转计划表

| 项目 | 上年末存栏数 | 计划年末月份 | | | | | | | | | | | | 计划年度末存栏数 |
		1	2	3	4	5	6	7	8	9	10	11	12	
雏鸡		12 400	12 164	11 432	11 072	10 836	10 600							
死亡母雏				236	236	236	236	236						
死淘小公鸡					496	124								
产蛋母鸡	10 100	10 000	9 900	9 800	9 700	9 600	9 500	9 400	10 500	10 400	10 300	10 200	10 100	10 100
死淘母鸡		100	100	100	100	100	100	100	100	100	100	100	100	

说明：①初育雏数 12 400 只是为计算方便而用的，如细算实为 12 397.66 只；

②死亡淘汰小公鸡数按初育雏数的 5% 计。4 月占 80%，5 月占 20%；

③各月死亡母鸡数均按初育母雏鸡的 2% 计。即 12 400×95%×2%＝236（只）；

④各月雏鸡和产蛋母鸡数均为月末存栏数；

⑤上年转来的产蛋母鸡，今年 7 月底全部淘汰；

⑥为了计算方便，产蛋母鸡每月平均死亡淘汰率 1%，不必按当月数细算，而按上年末数大概推算

【技能考核标准】

| 序号 | 考核项目 | 评分标准 | | 考核方法 | 考核分值 | 熟练程度 |
		分值	扣分依据			
1	制定总生产任务	30	根据计算方法及准确度			基本掌握/熟练掌握
2	制定育雏、育成计划	40	根据计算方法及准确度	单人计算考核		基本掌握/熟练掌握
3	编制鸡群周转计划	30	根据计算方法及准确度			基本掌握/熟练掌握

【复习与思考】

1. 制定总生产任务的方法。

2. 制定育雏、育成计划的方法。

3. 编制鸡群周转计划的方法。

实训二十　年出栏10万只肉鸡场的建筑设计

【实训目标】掌握鸡场建设的选址要求、熟悉鸡场管理区、生产区、隔离区的科学布局，能运用所学知识绘制蛋鸡场总平面图。

【材料和用具】绘图纸、铅笔、橡皮、尺等。

【实训时间】2 学时，学生设计时间为 1 学时，学生研讨、互评、答辩时间为 1 学时。

【实训场所】多媒体实训室

【内容和方法】

根据《商品肉鸡场建设标准》，年出栏 10 万只商品肉鸡场需占地面积 10 600～13 500m²。考虑建筑成本和饲养水平，按每栋鸡舍饲养 2 000～3 000 只商品肉鸡（根据季节不同而变化）为宜。建筑面积为 300～350m²，其中，宽 10m 左右（亦可根据不同的生产方式自行设计）。要求设计应包括辅助生产建筑：更衣室、消毒室、兽医室、饲料贮藏加工间、变配电室、水泵房、锅炉房、仓库、维修间、粪便污水处理设施等。

一、确定管理区、生产区、隔离区的位置和建筑总面积

根据鸡场组织机构、福利用房、附属用房设计管理区用房数量和建筑总面积。

根据饲养规模、饲养方式、饲养密度求得生产区的鸡舍建筑面积。

根据肉鸡发病规律设计隔离区，并计算其建筑面积。

二、鸡场布局

根据建场地形设计场门和围墙。根据气候因素设计鸡舍方位、鸡舍排列、鸡舍朝向及鸡舍间距等，根据管理和防疫要求，设计道路、绿化、消毒防疫等公共卫生设施。

三、绘制该肉用仔鸡场的总平面图

要求管理区、生产区和隔离区各建筑物布局合理，建筑物之间密切联系，图题或指北针要规范标示，尺寸线要标记规范；图题下面的图注要清楚无误（图20-1）。

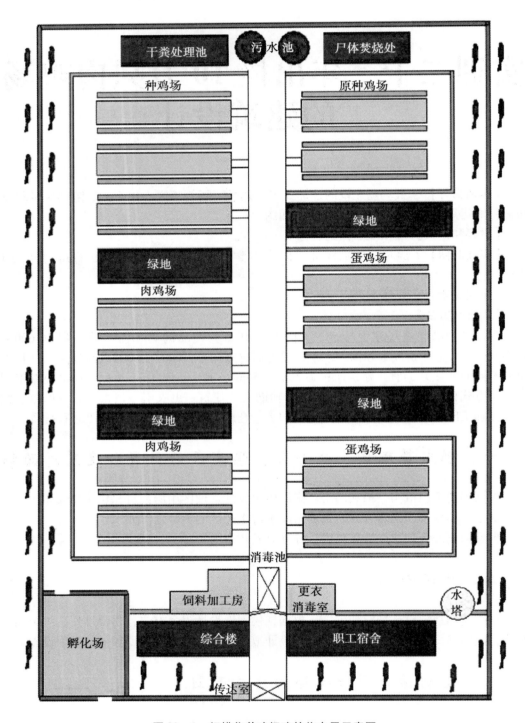

图 20 - 1　规模化养鸡场建筑物布局示意图

【技能考核标准】

序号	考核项目	评分标准		考核方法	考核分值	熟练程度
		分值	扣分依据			
1	鸡场位置和面积	10	鸡场选址不科学扣5分，占地面积设计不科学扣5分			基本掌握/熟练掌握
2	功能分区	30	鸡场功能分区不明确、不全面、无隔离各扣10分			基本掌握/熟练掌握
3	布局设计	20	各功能区布局不合理、不全面的扣10分	单人操作考核		基本掌握/熟练掌握
4	辅助生产建筑	30	辅助生产建筑不全面、面积不科学、布局不合理各扣10分			基本掌握/熟练掌握
5	绘制总平面图	10	制图各要素不全面扣5分，各功能区布局混乱扣5分			基本掌握/熟练掌握

【复习与思考】

1. 鸡场的总平面图包括哪些内容?
2. 附属用房包括哪些?

实训二十一 饲养 6.5 万只商品蛋鸡场规划设计

【实训目标】使学生了解蛋鸡生产工艺，蛋鸡场建筑设计。

【材料和用具】实训报告纸、笔、计算器等。

【实训时间】2 学时，学生设计时间为 1 学时，学生研讨、互评、答辩时间为 1 学时。

【实训场所】多媒体实训室

【内容和方法】

一、确定蛋鸡舍的总建筑面积

按商品蛋鸡生产工艺及饲养密度估测出鸡舍的总建筑面积，或根据笼具规格和布局，推算鸡舍的使用面积。

二、选择适宜的建筑材料

根据当时的气候情况和鸡舍的结构选用适宜的建筑材料、建筑类型及附属用房等情况，合理地使用地基、墙体、门窗、地面、天棚及屋顶等建筑材料。

三、对整个鸡场进行规划设计，画出总平面图，要求布局合理

按以下案例进行设计：

乐清市绿雁农业开发有限公司获得一块平坦荒地的土地使用权，该地四周交通方便，拟在此建设一规模为 6.5 万只的蛋鸡场。其生产工艺中各阶段鸡舍栋数如表 21 - 1 所示。请设计各栋鸡舍的建筑尺寸。并用 1：2 000 的比例画出该场的总平面图。（可用计算机软件绘制，A4 纸输出）

表 21 - 1　6.5 万只蛋鸡场工艺及栋数

鸡群种类	周龄	消毒天数	一个饲养周期的天数	鸡舍栋数	每栋容鸡数（只）
育雏	0～7	19	68	2	6 864
育成	8～20	11	102	3	6 177
蛋鸡	21～76	16	408	12	5 560

注：已经确定以下条件

1. 蛋鸡舍

（1）鸡舍选型

农大型简易节能开放型鸡舍。外墙厚 240mm。

（2）设备选型

选某畜牧机械公司生产的两层全阶梯蛋鸡笼（表 21 - 2）。

表 21 - 2　两层全阶梯蛋鸡笼规格

蛋鸡笼型号	长×宽×高（mm）	装鸡数（只）	备注
Ⅰ	1 900×1 574×1 220	64	整架
Ⅱ	1 900×1 019×1 220	32	半架

（3）鸡笼排列方式

呈"半 - 整 - 整 - 半" 4 列 3 走道排列。走道宽度可按照 800mm 设计。

2. 育成鸡舍

（1）鸡舍选型

简易节能开放型鸡舍。外墙厚 240mm。

（2）设备选型

选某畜牧机械公司生产的三层半阶梯育成笼（表 21 - 3）。

表 21 - 3　三层半阶梯育成笼规格

育成鸡笼型号	长×宽×高（mm）	装鸡数（只）	备注
Ⅲ	2 000×2 135×1 740	162	整架

（3）鸡笼排列方式

呈"2列3走道"M形排列。走道宽度可按照800mm设计。

3. 育雏鸡舍

（1）鸡舍选型

有窗开放型鸡舍。外墙厚370mm。

（2）设备选型

选某畜牧机械公司生产的三层层叠育雏笼（表21-4）。

表21-4　三层层叠育雏笼规格

育雏鸡笼型号	长×宽×高（mm）	装鸡数（只）
9DYL-4	4 550×1 500×1 750	800~1 000

（3）鸡笼排列方式

单列布置。

4. 附属用房（表21-5）

表21-5　附属用房

附属用房编号	房屋名称	每栋尺寸（长×宽）	栋数
1	饲料库	30m×9m	1
2	蛋品库	18m×9m	1
3	办公室	60m×6m	1
4	宿舍	45m×16m	1
5	食堂	30m×9m	1
6	门卫	6m×5m	1
7	消毒更衣室	15m×8m	1
8	锅炉房	12m×8m	1

【技能考核标准】

序号	考核项目	评分标准		考核方法	考核分值	熟练程度
		分值	扣分依据			
1	鸡场位置和面积	10	鸡场选址不科学扣5分，占地面积设计不科学扣5分			基本掌握/熟练掌握
2	功能分区	30	鸡场功能分区不明确、不全面、无隔离各扣10分			基本掌握/熟练掌握
3	布局设计	20	各功能区布局不合理、不全面地扣10分	单人操作考核		基本掌握/熟练掌握
4	辅助生产建筑	30	辅助生产建筑不全面、面积不科学、布局不合理各扣10分			基本掌握/熟练掌握
5	绘制总平面图	10	制图各要素不全面扣5分，各功能区布局混乱扣5分			基本掌握/熟练掌握

【复习与思考】

1. 蛋鸡场选址有何要求？
2. 现代商品蛋鸡场生产工艺？
3. 南北方建舍区别在哪里？

实训二十二　某地区家禽生产状况调查报告

【实训目标】通过实训使学生掌握调查方法，了解当地家禽生产状况。

【材料和用具】网络资料、图书资料等。

【实训时间】2 学时，学生利用课外时间开展调查和撰写报告，学生汇报、互评、答辩时间为 2 学时。

【实训场所】图书馆、养殖现场、多媒体教室

【内容和方法】

①学生分组利用课余时间开展某地区家禽生产状况的调查和书写报告。

②学生制作 PPT，并派代表演讲汇报（图 22 - 1）。

③解答其他小组同学的提问。

图 22 - 1　学生汇报现场

【技能考核标准】

序号	考核项目	评分标准		考核方法	考核分值	熟练程度
		分值	扣分依据			
1	调查报告内容	30	根据文本格式、调查内容与行文的逻辑性给分			基本掌握/熟练掌握
2	PPT制作	25	根据 PPT 的编排与设计的合理性给分	小组计算考核		基本掌握/熟练掌握
3	汇报演讲	25	根据发言者的普通话、形态与内容熟练度给分			基本掌握/熟练掌握
4	回答问题	20	根据回答问题的科学性、小组合作程度给分			基本掌握/熟练掌握

【复习与思考】

如何完成关于家禽生产状况的调查报告？

附 调查报告参考资料

台州地区家禽养殖业发展现状与对策

项 勇

（温州科技职业学院畜牧兽医 07 级，浙江 温州 325006）

摘 要：本文通过调查研究简要回顾了台州地区目前家禽养殖业的发展现状，以及存在的一些问题，并结合实际情况提出了一些解决的对策，以期能够为该地区家禽养殖业的发展提供一些思路。

关键词：家禽，水禽，养殖

1 发展现状

台州地区依山面海。西北山脉连绵，东南丘陵缓延，平原滩涂宽广，河道纵横。境内地貌多样，山地、丘陵、盆地、平原、海湾、岛屿均有分布，其中山地、丘陵占陆域面积的 2/3，形成"七山一水二分田"的格局。由此可见，台州非常适合进行家禽养殖，特别是水禽的养殖。但是，经过对台州家禽养殖情况的调查，发现了一些问题，主要有以下几方面。

1.1 养殖规模集约化程度低

台州集约化家禽养殖业起步较晚，20 世纪 80 年代台州才建起规模家禽养殖场。由于台州是一个以工业制造业发展为中心的地区，家禽养殖业所创造的 GDP 远比发展工业少，所以政府、企业以及个人多不愿投资养殖业，导致家禽养殖业发展十分缓慢，家禽的集约化水平很低。

1.2 污染十分严重

由于台州家禽养殖还是小农化生产，对污染物基本未经处理而直接排放，所以，造成台州家禽养殖业污染严重的现状。主要污染有恶臭气味污染空气，家禽粪便污染水体土壤等。

1.3 家禽品种优秀率低

台州养殖的家禽，优秀的品种只有天台的三黄鸡，但是，由于受到技术和场地的限制，这种鸡的生产还是十分传统和原始，尚有极大的空间去发展和创新。其他地区养殖所谓的土鸡，羽色杂乱，生产性能低，不适合大规模养殖，只是作为农村家庭副业自给自足。

1.4 养殖方式十分落后

当前台州还是农村传统的养殖，生产中存在的突出问题是布局不合理、设施简陋、环境恶劣、产品质量不高。大部分还是鸡、鸭、鹅同住在一个屋檐下，畜和禽混养的养殖方式。家禽养殖缺乏严格的生物安全体系。

2 发展对策

2.1 在家禽养殖上给予政策的支持

2.1.1 对疫区扑杀、受威胁区强制免疫给予财政补贴
对疫区内的禽类实行强制扑杀，对受威胁区的禽类进行强制免疫，是防止家禽传染性疫情扩散的必要手段。为了及时的控制疫情，政府机构必须紧急督促疫区内家禽进行扑杀和免疫，因此，必须由政府买单，免费提供药物、疫苗和贴补损失。

2.1.2 土地、资金政策扶持
要发展家禽养殖业，土地与资金是必不可少的生产要素。政府部门在土地的征用、租用和资金的借贷方面要给予足够的重视和政策扶持，以利于养殖业的开展。

2.1.3 减免部分政府性基金和行政性收费
对家禽养殖、加工企业和养殖农户免征部分政府性基金，减免部分行政事业性收费，对出口的禽类及其产品免收出入境检验检疫费。

2.2 加快对养殖户的引导和培训

定期举办知识讲座，请专家学者讲授家禽养殖的趋势和前景，并为农民兄弟讲解养殖家禽如何从多个方面获得经济效益，提高农民养殖家禽的科技含量。还可以结合科技特派员的政策及科技下乡服务，给农民带去最新的农业信息，帮助农民结合自身特点发展家禽养殖业。

2.3 加强对疫病的防治和监控力度

2.3.1 建立动物防疫兽医卫生制度
各养殖场要做好环境卫生，保持饲养场清洁，注意消毒控制和消灭外界环境中的病原体；贯彻"自繁自养"的原则，防止病原传入。畜牧兽医部门要搞好产地检疫、屠宰检疫和市场检疫。

2.3.2 控制家禽传染病传播途径
做好禽舍环境卫生，粪便污物堆积发酵，做好饲养管理用具、饲料、饮水的卫生管

理，防止病原传播；做好消毒、杀虫、防蝇、灭鼠工作，消灭传染病传播媒介；严格处理尸体；病死动物尸体的处理，应选择地势干燥，距住地、禽舍、水源、道路、河流、牧地较远的地方深埋或焚烧。

2.3.3　加强家禽传染病疫情监测

要加强对一些重大传染病的检疫和抗体监测，如禽流感、新城疫等，做到防患于未然；对禽病抗体监测和疾病诊断应准确、简便、快速，不同的传染病有不同的诊断方法，强调高新技术与常规诊断方法相结合来防治家禽传染病。

2.4　培育龙头企业，做好示范作用

政府通过政策的支持，扶持培育壮大家禽生产的龙头企业，科学规划、科学养殖，科学防治疫病和处理污染物，做好示范带头作用，引领该地区家禽养殖业健康顺利发展。目前，台州发展家禽养殖业，还可以扶持一批名优的家禽养殖加工的企业，以点带面的形式带动家禽养殖业的长效的发展。

主要参考文献

［1］周新民，蔡长霞．家禽生产［M］．北京：中国农业出版社，2011.

［2］史延平，赵月平．家禽生产技术［M］．北京：化学工业出版社，2009.

［3］潘琦．畜禽生产技术实训教程［M］．北京：化学工业出版社，2009.

［4］蔡长霞．畜牧兽医专业技能实训与考核［M］．北京：中国农业出版社，2006.

［5］杨慧芳．养禽与禽病防治［M］．北京：中国农业出版社，2007.

［6］杨宁．家禽生产学［M］．北京：中国农业出版社，2008.

［7］吴春琴，刘素贞，孙思宇．灵昆鸡遗传资源调查报告［J］．第十四次全国家禽学术讨论会论文集（中国农业科学技术出版社）2009：278～281.